火电厂湿法烟气脱硫系统检修与维护培训教材

热控设备检修与维护

国能龙源环保有限公司　编

内 容 提 要

本书主要介绍火电厂湿法烟气脱硫系统中热控设备检修与维护。在脱硫系统中，热控设备起着测量、监视、保护、控制、报警等重要作用，根据设备类别不同，划分为分散控制系统、烟气在线连续监测系统、热工测量仪表和执行机构。从原理简介到设备分类组成，再到故障判断处理，全面介绍脱硫系统热控设备的使用与维护。

本书可以作为火电厂湿法脱硫系统中热控专业培训教材。

图书在版编目（CIP）数据

热控设备检修与维护 / 国能龙源环保有限公司编 . —北京：中国电力出版社，2022.5
火电厂湿法烟气脱硫系统检修与维护培训教材
ISBN 978-7-5198-6708-9

Ⅰ. ①热… Ⅱ. ①国… Ⅲ. ①火电厂－湿法脱硫－烟气脱硫－热控设备－设备检修－技术培训－教材 Ⅳ. ① X773.013

中国版本图书馆 CIP 数据核字（2022）第 065239 号

出版发行：中国电力出版社
地　　址：北京市东城区北京站西街 19 号（邮政编码 100005）
网　　址：http://www.cepp.sgcc.com.cn
责任编辑：赵鸣志　马雪倩
责任校对：黄　蓓　王海南
装帧设计：赵丽媛
责任印制：吴　迪

印　　刷：三河市万龙印装有限公司
版　　次：2022 年 5 月第一版
印　　次：2022 年 5 月北京第一次印刷
开　　本：787 毫米 ×1092 毫米　16 开本
印　　张：8
字　　数：167 千字
印　　数：0001—2000 册
定　　价：40.00 元

《火电厂湿法烟气脱硫系统检修与维护培训教材》

热控设备检修与维护分册

编写人员名单

郭锦涛　张　玮　杨　鑫　张艳江
陈　畅　任　波　尹二新　姚贝贝
刘雅凤　杨　堃　林晓斌　董泽旭

序

自“十一五”起，我国将加强工业污染防治纳入规划，控制燃煤电厂二氧化硫排放成为环保工作重点之一。经过多年努力，电力环保产业快速健康发展，特别是火电烟气治理取得了长足的进步，助力我国建成全球最大清洁煤电供应体系，为打赢“蓝天保卫战”、推动生态文明建设作出了积极贡献。这其中，脱硫系统等环保设施的高效运行，无疑起到了关键作用。

随着“双碳”目标的提出和能耗“双控”等产业政策的持续推进，“十四五”时期，我国存量煤电机组将从主力电源向调节型电源转型，火电环保设施运维管理必须以持续高质量发展为目标，进一步提高设备可靠性、降低能耗指标、降低污染物排放，保障机组稳定运行和灵活调峰。因此，精细化、标准化和规范化管理，成为提升火电环保设施运维水平的重要着力点。但在实际生产过程中，一些火电企业辅控系统生产管理相对粗放，检修人员技术技能水平偏低，导致重复缺陷、设备损坏、非计划停运、超标排放等现象时有发生，对煤电机组全时段稳定运行和达标排放造成了严重影响，是制约煤电行业高质量转型发展的隐患之一。

国能龙源环保有限公司是国家能源集团科技环保产业的骨干企业，是我国第一家电力环保企业。公司成立近 30 年以来，始终跻身污染防治主战场和最前线，率先引进了石灰石－石膏湿法脱硫全套技术，率先开展了燃煤电站环保岛特许经营，在石灰石－石膏湿法脱硫设计、建设、运营维护方面开展了大量探索实践，逐渐积累形成了关于脱硫设施检修、维护及过程管理的一整套行之有效的标准化管理经验。

眼前的这套丛书，正是对这些经验的系统梳理和完整呈现。丛书由五个分册构成，分别从检修标准化过程管理和效果评价、脱硫机械设备维护检修、脱硫热控设备维护检修、脱硫电气设备维护检修与试验、脱硫生产现场常见问题及解决案例五个方面，对石灰石－石膏湿法脱硫系统的检修管理维护做了深入浅出的讲解与案例分享。丛书是龙源环保团队长期深耕环保设施运维领域的厚积薄发，也是基层技术管理人员从实践中得出的真知灼见。

这套丛书的出版，不仅对推动环保设备检修作业标准化，促进检修人员技能水平快速提升有重要的借鉴意义，对于钢铁、水泥、石化等非电行业石灰石－石膏湿法脱硫技术应用水平的提升，也有一定的参考价值。

2022年1月

前 言

随着我国进一步改善大气环境质量，对大气污染物排放标准日趋严格，进而加大燃煤电厂环境污染治理力度。环保设施投运率、综合效率成为制约火电企业达标排放的红线，脱硫系统已成为继锅炉、汽轮机、发电机之后的“第四大主机”，在燃煤电厂中的地位也上升到了与主机设备同等重要的高度。

在脱硫系统运行过程涉及的热工设备有很多，过程中通过化学反应将烟气中的二氧化硫除去，使得这些设备及部件需要长期在高腐蚀、高磨损的恶劣条件下使用。若保证这些设备安全可靠和有效工作，需要加强设备的日常维护与检修，这就要求检修人员需要更好地掌握维护与检修技能。

本书立足于专业脱硫运维企业对热控检修的培训需求，以 300～1000 MW机组的脱硫热控设备为对象，重点介绍热控设备的专业知识，主要针对火电厂湿法烟气脱硫系统各种测量仪表和控制系统，从技术实用性出发，包括工作原理、设备结构、日常维护、故障排除和设备检修等，进行编写而成，作为《火电厂湿法烟气脱硫系统检修与维护培训教材》的第三分册。读者通过培训或者自学，对提高热控设备检修与维护技能水平能够有所帮助。

全书共分为五章，第一章主要介绍湿法烟气脱硫技术，湿法烟气脱硫系统仪表和控制系统，以及这些设备的维护与检修。第二章针对脱硫分散控制系统介绍了主要功能、系统结构与硬件组成、软件与工程组态、脱硫系统逻辑保护、DCS 系统管理及巡检、DCS 系统检修、DCS 系统故障判断处理。第三章针对烟气排放连续监测系统进行了介绍，包括常用的系统测量原理、分类与组成，以及维护与检修。第四章针对脱硫现场常用的热工测量仪表进行原理介绍、分类选型、安装调试和检修、故障处理及仪表检定。其中常用的热工仪表包括温度、压力、物位测量仪表，分析仪表包括 pH 和密度测量仪表。第五章主要介绍脱硫现场常用的电动执行机构和气动执行机构，主要内容包括工作原理及结构、设备选型及故障处理及检修。

在本书编写过程中，得到了行业专家和生产现场人员的大力支持和帮助，在此表示深深的谢意！

热控设备专业性强，限于编者水平，书中疏漏之处在所难免，恳请读者在使用中提出宝贵意见和建议，以便修订时及时改进！

编 者

2022 年 3 月

目录

序

前言

第一章　概述……1

第一节　湿法烟气脱硫技术……1

第二节　湿法烟气脱硫系统仪表和控制系统……2

第三节　湿法脱硫热控设备维护与检修……4

第二章　脱硫分散控制系统维护与检修……7

第一节　脱硫分散控制系统简介……7

第二节　DCS 系统结构及硬件组成……8

第三节　DCS 系统软件及工程组态……12

第四节　脱硫系统逻辑保护……15

第五节　DCS 系统管理和巡检……18

第六节　DCS 系统检修……20

第七节　DCS 系统故障判断处理……31

第三章　烟气排放连续监测系统……33

第一节　烟气排放连续监测系统简介……33

第二节　烟气排放连续监测系统的分类及组成……33

第三节　CEMS 的维护与检修……42

第四章　热工测量仪表……58

第一节　温度测量仪表……59

第二节　压力测量仪表……72

第三节　物位测量仪表……83

第四节　电磁流量测量仪表 …… 92
第五节　pH 值测量仪表 …… 97
第六节　密度测量仪表 …… 101
第五章　执行机构 …… 107
第一节　电动执行机构 …… 107
第二节　气动执行机构 …… 112
参考文献 …… 118

第一章 概　　述

随着我国综合实力的不断增强和经济实力的不断提升，能源的消耗量也在不断增多，以化石燃料为主的能源结构，造成燃烧后大量的有害气体排入大气，使大气环境质量不断恶化，不仅污染环境对人们的健康也带来危害。

为了控制环境继续恶化，大气污染物排放标准日趋严格，2000 年《中华人民共和国大气污染物防治法》提出了二氧化硫总量控制的要求，2005 年在规划纲要中增设了二氧化硫减排约束性指标。燃煤电厂开展烟气脱硫装置建设是国家和地方政府的要求，也是火电厂烟气达标排放的重要技术手段。2007 年国家发改委和国家环保总局研究拟定了《燃煤发电机组脱硫电价及脱硫设施运行管理办法（试行）》（以下简称《办法》），该《办法》规定新（扩）建燃煤机组必须按环保标准同步建设脱硫设施，执行公布的燃煤机组脱硫标杆上网电价；现有燃煤机组应按照要求完成脱硫改造，执行 1.5 分钱的脱硫加价；煤炭平均含硫量大于 2% 或者低于 0.5% 的地区，可单独制定脱硫加价标准。

为了进一步改善大气环境质量，加大燃煤电厂环境污染治理力度，2015 年 3 月国家提出火力发电锅炉及燃气轮机组执行大气污染物超低排放标准，其中标准状况下总排口二氧化硫浓度要求低于 35 mg/m^3。国家在提高环保电价的基础上还增加了超低排放改造优惠政策。环保设施投运率、综合效率成为制约火电企业达标排放的红线，至此脱硫系统业已成为继锅炉、汽轮机、发电机之后的“第四大主机”，在燃煤电厂中的地位也上升到了与主机设备同等重要的高度。

烟气脱硫系统是燃煤电厂 SO_2 达标排放的核心设备，热控设备在脱硫系统中主要起着运行调整、控制与监测的作用，其运行可靠性、灵敏度水平直接影响着脱硫系统运行的稳定性。因此，做好脱硫系统热控设备的运行、维护与检修工作，对脱硫系统运行的安全性、稳定性、经济性至关重要。

第一节　湿法烟气脱硫技术

湿法烟气脱硫技术（wet flue gas desulfurization，WFGD）是目前世界上技术最为成熟、应用业绩最多的脱硫工艺，在我国燃煤电厂中已经到达了广泛的应用，占比达到 90% 以上。湿法烟气脱硫工艺采用价廉易得的石灰石作为脱硫吸收剂，石灰石经破碎后，用球磨机（湿磨或干磨）磨制成石灰石浆液或石灰石粉；用石灰石粉作为吸收剂时，石灰石粉加水搅拌制成吸收剂，在吸收塔内，吸收浆液与烟气接触混合，烟气中的 SO_2 与浆液中的碳酸钙以及鼓入的氧化空气进行化学反应，最终反应产物为石膏；脱硫后的烟气经除雾器除去细小液滴后排入烟囱，脱硫石膏将脱水后综合利用。

湿法烟气脱硫工艺系统主要包括：烟气系统、吸收塔系统、石灰石浆液制备系统、氧化空气系统、工艺水系统、石膏脱水系统、事故浆液系统、脱硫废水处理系统以及配套的电气、热控系统。湿法烟气脱硫系统工艺流程图如图 1-1 所示。

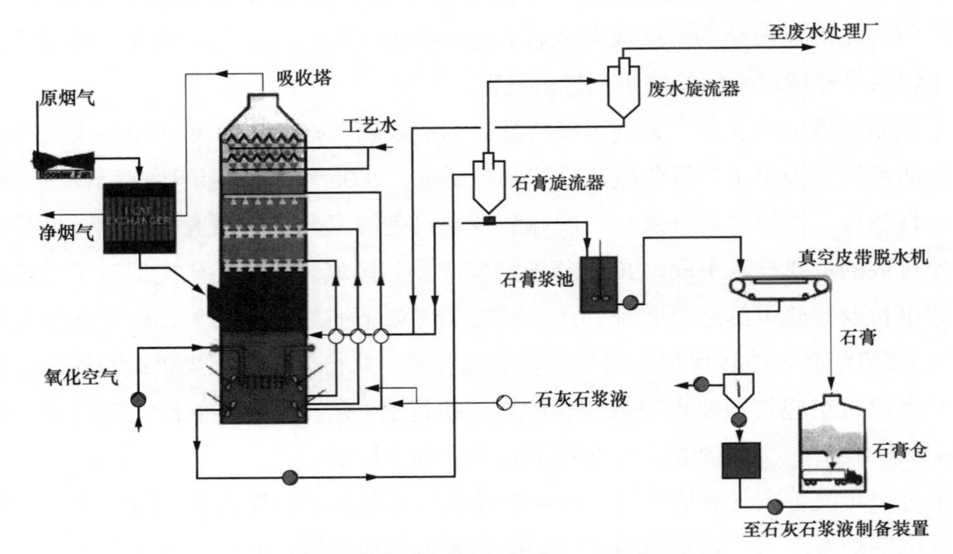

图 1-1　湿法烟气脱硫系统工艺流程图

第二节　湿法烟气脱硫系统仪表和控制系统

为保证烟气脱硫效果和烟气脱硫设备的安全经济运行，湿法烟气脱硫系统将设置完整的热工测量、自动调节、控制、保护及热工信号报警装置。其自动化水平将使运行人员无需现场人员的配合，在控制室内即可实现对烟气脱硫设备及其附属系统的启动、停止，正常工况的运行监视和调整以及异常与事故工况的处理。

火电厂烟气脱硫装置的仪表及控制系统主要由以下部分组成：分散控制系统（DCS）；电视监视系统；就地仪表和控制设备；烟气连续监测系统；热工电源系统。

一、分散控制系统

通常一炉一塔的烟气脱硫系统（包括脱硫岛内所有的工艺系统和单体设备）采用一套分散控制系统进行控制，实现对整个脱硫岛的数据采集、控制、调节、报警、计算、报表等功能。脱硫分散控制系统（FGD-DCS）主要功能系统包括数据采集和处理系统（data acquisition system，DAS）、模拟量控制系统（modulating control system，MCS）和顺序控制系统（sequence control system，SCS），实现以键盘和鼠标作为监视和控制中心，对整个脱硫系统的集中控制。

二、主要热工仪表

1. 温度测量仪表

在脱硫系统中，温度测量仪表主要有铂热电阻 Pt100 双金属温度计和温度变送器。温度测量仪表主要用于测量烟气温度、转动机械轴承温度、电机线圈温度等。

2. 压力测量仪表

在脱硫系统中，压力测量仪表主要有压力（差压）变送器、普通压力表、电触点压力表、压力开关等。压力测量仪表主要用于测量烟气压力、泵体连接管道压力、滤网差压、除雾器差压等。

3. 物位测量仪表

在脱硫系统中，物位测量仪表主要有超声波液位计、雷达料位计、音叉料位开关等。物位测量仪表用于测量粉仓、箱罐、地坑料位或液位。

4. 流量测量仪表

在脱硫系统中，流量测量仪表主要为电磁流量计，用于测量脱硫系统中工艺水、工业水、石灰石浆液等流体流量。

5. 分析测量仪表

分析测量仪表是用于生产流程中连续或周期性检测物质化学成分或某些物性的生产用仪器。在脱硫系统中，分析仪表主要包括密度计和 pH 计，用于测量石灰石浆液、石膏浆液和脱硫废水的密度和 pH 值。

三、电（气）动执行器

执行器是一种能提供直线或旋转运动的驱动装置，根据驱动能源的不同，主要分为电动执行器与气动执行器。在脱硫系统中，电（气）动执行器常用于自动控制阀门的开关和自动调节阀门的开度，如除雾器自动冲洗阀、浆液循环泵入口阀、石灰石供浆调节阀等。

四、烟气在线连续监测系统

烟气在线连续监测系统（continuous emission monitoring system，CEMS）是指对大气污染源排放的气态污染物和颗粒物进行浓度和排放总量连续监测并将信息实时传输到主管部门的装置，被称为“烟气自动监控系统”，亦称“烟气排放连续监测系统”或“烟气在线监测系统”。

CEMS 分别由气态污染物监测子系统、颗粒物监测子系统、烟气参数监测子系统和数据采集处理与通信子系统组成。其中，气态污染物监测子系统主要用于监测气态污染物 SO_2、NO_x 等的浓度和排放总量；颗粒物监测子系统主要用来监测烟尘的浓度和排放总量；

烟气参数监测子系统主要用来测量烟气流速、烟气温度、烟气压力、烟气含氧量、烟气湿度等，用于排放总量的计算和相关浓度的折算；数据采集处理与通信子系统由数据采集器和计算机系统构成，实时采集各项参数，生成各浓度值对应的干基、湿基及折算浓度，生成日、月、年的累积排放量，完成丢失数据的补偿并将报表实时传输到主管部门。

第三节　湿法脱硫热控设备维护与检修

热工控制设备按照结构特点可分为纯电子式、机电一体式和纯机械式 3 大类，结构形式不同，其维护与检修的模式也不同。

纯电子式热工控制设备，其特点是完全由各种电子元件组合而成，典型的纯电子式热工控制设备包括 DCS、PLC 等控制单元、卡件、变频器等。这类设备不存在机械磨损，但故障几乎是瞬间发生的。

机电一体式热工控制设备，其特点是由机械零件和电子器件组合而成。典型的机电一体式热工控制设备包括：位置转换器、智能变送器、启动执行机构、停止执行机构等。机电一体式热工控制设备既存在控制转动部分，也存在信号转换与输出功能。

纯机械式热工控制设备，其特点是完全由机械零件组成。典型的纯机械式热工控制设备热控设备包括压力开关、双金属温度计、弹簧管式压力表、启动调节阀等。这些纯机械式热工控制设备由于元件或零件存在磨损、疲劳，其故障也没有固定的规律可循。

一、DCS 系统维护

DCS 系统维护的主要维护模式包括日常维护、预防性维护和故障维护。

1. 日常维护

日常维护是 DCS 稳定高效运行的基础，主要包括管理制度完善、设备工作环境的巡查、软件画面的检查、上位机工作状态等。

2. 预防性维护

预防性维护是有计划地进行主动性维护，保证系统及元件运行稳定可靠，运行环境良好及时检测更换元器件，消除隐患。利用等级检修进行预防性的维护，主要包括系统试验、供电线路检查、系统接地测试、画面逻辑修改等，以掌握系统运行状态，消除故障隐患。

3. 故障维护

故障维护包括用户一般性维护和专业性维护。一般性维护是系统使用者自身进行的日常维护，维护人员需要有一定的专业技能水平和维护工作的经验；而专业性维护一般需厂家专业的维护工程师来进行维护。

二、热工仪表维护检修

热工仪表维护检修主要包括日常巡检、故障处理、定期检定。

1. 日常巡检

远传信号的热工仪表，从 DCS 系统显示数值和历史数据可以判断仪表工作状态。现场日常巡检工作主要以仪表外观、安装、接线、防护措施等方面为主。

2. 故障处理

仪表故障，主要表现为测量数值失准、仪表报警及仪表损坏。故障处理是根据设备维护手册和测量工况，分析判断异常产生原因并制定相应措施，对损坏的仪表进行维修，严重时更换处理。

3. 定期检定

定期检定是根据《中华人民共和国计量法》及相关法规，对脱硫热工仪表进行 ABC 分类管理，并对其进行定期检定工作。pH 计需要定期标定，密度计、压力变送器可定期校准。

三、执行器维护检修

执行器的维护检修主要以日常巡检和故障处理为主。日常巡检项目包括执行器外观检查、就地状态显示、接线检查、连接部件检查、执行器传动等；故障处理包括执行器信号故障、连接部件故障、驱动电机故障、行程力矩故障、气源故障、电磁阀故障等。

在脱硫系统中，热控设备安装区域分散、设备种类多、测量原理各不相同，甚至许多设备与系统保护、自动、联锁控制息息相关。因此需要严格执行日常巡检、定期维护、等级检修、故障处理，提高设备可靠性，保证系统安全稳定运行。

四、CEMS 系统维护

为保证 CEMS 系统测量数据准确可靠，除了日常巡检以外，还需要参照 HJ 75—2017《固定污染源烟气（SO_2、NO_x、颗粒物）排放连续监测技术规范》、HJ 76—2017《固定污染源烟气（SO_2、NO_x、颗粒物）排放连续监测系统技术要求及检测方法》，对系统进行定期维护检修工作，以及在机组停运后系统的全面清理检查工作。

1. 日常巡检

日常巡检项目主要是检查系统各项运行参数，包括伴热管温度、样气流量、系统工作状态、上位机计算数据、分析仪表实时数值、分析小室工况、数据采集仪传输情况等。日常巡检项目还可以通过查看历史报警和数据报表，及时发现和排除设备存在的异常，提高系统的可靠性。

2. 定期工作

定期工作是根据国家及地方环保要求以及系统设备性能，开展测量分析仪表的标定、易耗品更换等定期工作，以及采样探头、烟气预处理部件等定期清理工作，以保证设备长周期稳定运行。

3. 全面检修

全面检修是利用机组停运期间，对整套系统进行全面检查。全面检修包括采样探头清理、伴热管线检查、预处理系统检查、分析仪表检查标定、粉尘氧量测量设备检查、温压流测量设备检查、系统电源检查、上位机软件检查、信号通信检查、数据采集仪传输检查等项目；而这些检查相当于与 CEMS 系统进行一次全面“体检”，分析掌握系统各项“健康指标”，制定相应的防范措施，加强事故备件和易耗品备件的采购存储工作，从而保证系统长周期安全稳定运行。

第二章 脱硫分散控制系统维护与检修

第一节 脱硫分散控制系统简介

分散控制系统（distributed control system，DCS），综合了计算机、通信、显示和控制 4 个层面的应用技术，与脱硫系统的结合应用具有可靠性高、功能性强、充足的扩展性，便于逻辑组态，显示直观、操作方便等特点。监控范围覆盖整个脱硫岛，主要系统如下：

FGD 装置：包括烟气系统、吸收塔系统。

公用系统：包括石灰石浆液制备系统、石膏脱水系统、排空系统、工艺水系统、压缩空气系统、废水系统等。

FGD 电气系统：包括高压电源回路、脱硫变压器、低压电源回路、直流系统、UPS 系统等。

一、脱硫 DCS 系统的基本功能

DCS 控制系统基本功能有：数据采集系统（DAS）、模拟量控制系统（MCS）、辅机顺序控制系统（SCS）、数据通信系统。

1. 数据采集系统（DAS）的功能

（1）过程变量输入扫描处理。

（2）固定限值报警处理，并可报警切除。

（3）显示：报警显示、流程图形显示、成组参数显示、形状图显示、操作指导、如报警原因、允许条件和操作步骤等。

（4）制表记录：定时制表（班、日、月报表）、报警记录、主要设备跳闸顺序记录、设备运行记录、主要辅机的启停次数和累计运行时间。

（5）历史数据存储和检索。

（6）性能计算。

2. 模拟量控制系统（MCS）

（1）吸收塔 pH 值及 FGD 出口 SO_2 浓度自动控制。

（2）吸收塔供浆流量自动控制。

（3）吸收塔液位自动控制（除雾器冲洗控制）。

（4）石灰石浆液配制控制。

（5）石膏脱水滤饼厚度控制。

3. 顺序控制系统（SCS）

顺序控制即开环逻辑控制，是机组主要控制系统之一，其任务是按照各设备的启停运行要求及运行状态，经逻辑判断发出操作指令，对机组主要设备组或子组进行顺序启停；运行人员通过操作员站即可实现设备的启、停或开、关操作。顺序控制系统主要包括以下内容：

（1）烟气系统功能组。

（2）吸收塔系统功能组。

（3）石灰石卸料系统功能组。

（4）石灰石浆液制备系统功能组。

（5）排放系统功能组等。

（6）联锁、保护、报警逻辑。

二、脱硫 DCS 系统的主要功能

DCS 系统实现对整个脱硫工艺系统的数据采集、控制、调节、报警、计算、报表等功能。系统组态主要是通过组态工具，建立和维护控制策略、过程画面、测点记录、报表生成等，将报告记录、控制算法及过程数据库等所有系统信息合而为一。

所有 I/O 信号采用硬接线（或总线）方式直接进入 DCS 系统，实现整个控制系统在 DCS 操作站上控制与监控的功能。脱硫与主机 DCS 系统的信号交换通过硬接线或通信方式实现，电缆的分界点在主机 DCS 的端子排。

三、脱硫 DCS 系统可靠性措施

1. DCS 系统的配置

对于控制器和网络及接口均做了冗余（100%）配置，系统能自动地进行无扰动切换，并在操作员站给出故障报警，同时运行人员能够在线更换和检修故障设备，使出现的局部故障迅速得以排除。

2. DCS 系统电源

脱硫区域的 DCS 系统电源采用两路供电，一路为 UPS，另一路为保安电源。机柜内部采用双电源供电，能够实现无扰切换。

第二节　DCS 系统结构及硬件组成

一、DCS 系统结构

以单台机组为例，脱硫系统属于电厂独立的环保设备，因此在全厂 DCS 网络架构中

单独设置。多台机组及共用部分可单域设置，也可以多域设置。单域内通过双路冗余网络组成“DCS 信息高速公路”。多域情况下域之间通过交换机（或路由器）相连接。脱硫 DCS 系统由上位机（MMI 站）和分布式处理单元（DPU），通过高速冗余网络将设备相连接，实现数据在设备之间的传递、交换和共享。脱硫 DCS 系统硬件结构图如图 2-1 所示。

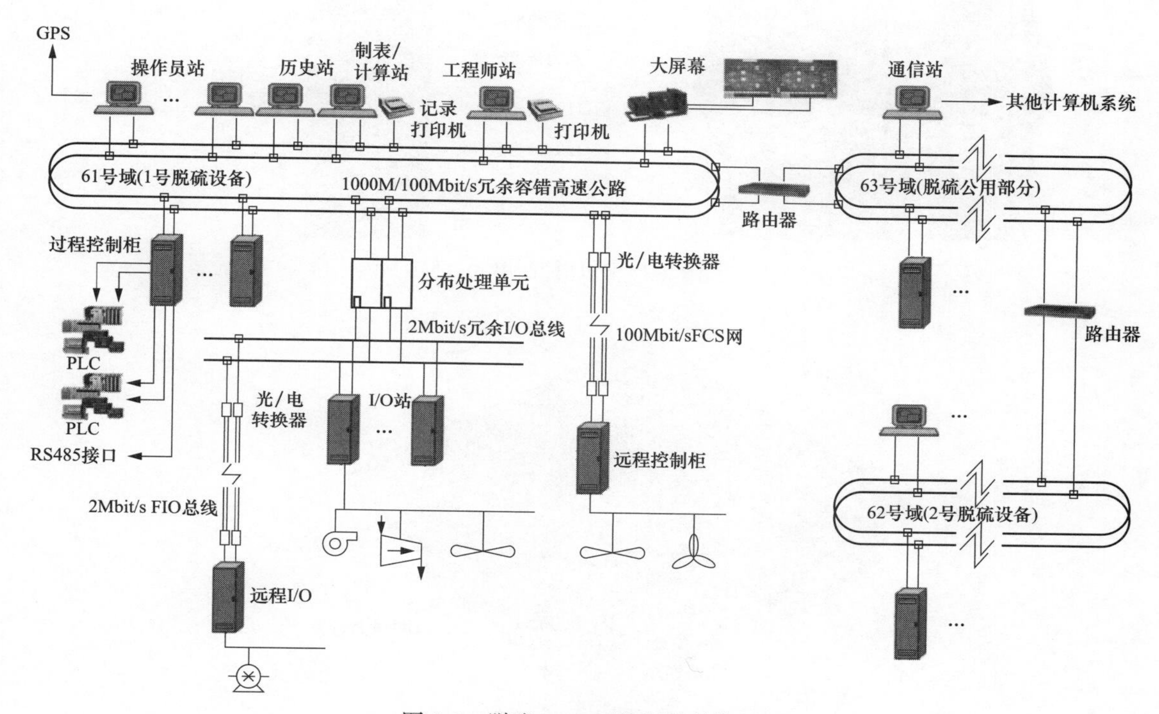

图 2-1 脱硫 DCS 系统硬件结构图

二、DCS 系统硬件组成

1. 分布式处理单元（DPU）

分布式处理单元（DPU）是 DCS 系统的最基本控制单元。其中主控制器采用嵌入式低功耗高性能计算机，内置实时多任务软件操作系统和嵌入式组态控制软件，将网络通信、数据处理、连续控制、离散控制、顺序控制和批量处理等有机地结合起来，形成稳定、可靠的控制系统；软件系统实现数据的快速扫描，用于实现各种实时任务，包括任务调度、I/O 管理、算法运算。软件同时拥有开放的结构，可以方便地与其他控制软件实现连接和数据交换。

DPU 通过高速工业现场总线，可直接同时连接最多 32 个 I/O 模块，通过扩展最多可连接 64 个 I/O 模块。DPU 可对自身连接的 I/O 模块信号进行组态控制，每一分布式处理单元（DPU）就是一个小型控制系统，对现场设备进行的分布式控制，降低运行风险。DPU 控制单元如图 2-2 所示，DPU 底座如图 2-3 所示。

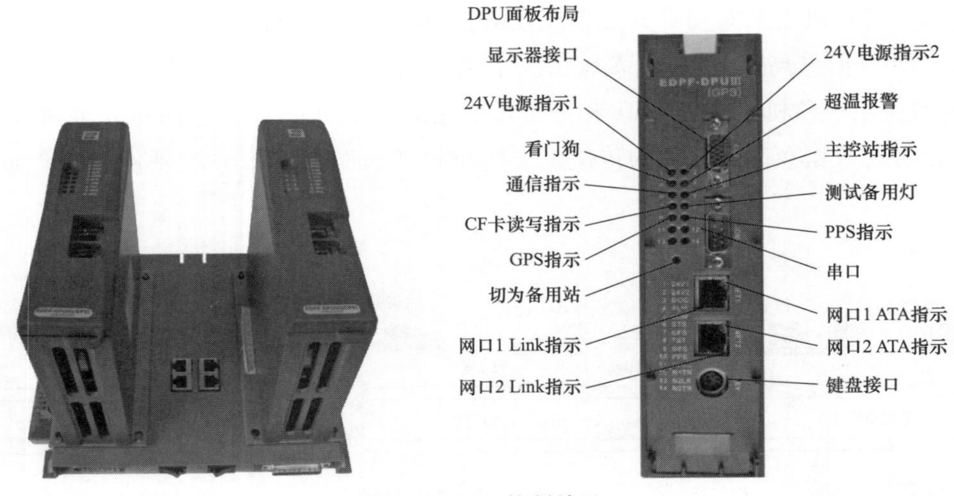

图 2-2　DPU 控制单元

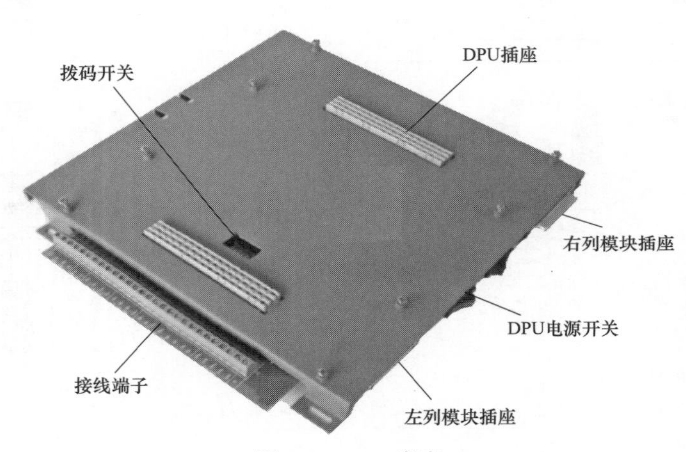

图 2-3　DPU 底座

以两台脱硫机组为例，共用一套脱硫 DCS 系统，通常设置 7 组 DPU 站，每组两块 DPU 组成。其中第一组为 1 号烟气系统；第二组为 1 号吸收塔系统；第三组为 2 号烟气系统；第四组为 2 号吸收塔系统；第 5.6 组为公用系统；第 7 组为电气和废水系统。

2. I/O 模块

I/O（input/output）模块，是 DCS 系统中建立信号的输入和输出通道。DCS 中的 I/O 卡一般是模块化的，一个模块上有一个或多个通道，主要负责接收现场的模拟量和数字量信号，然后转换成 DPU 能接收的数字信号的卡件，同时将 DPU 所发出的指令转换成模拟量信号和数字量信号到现场仪表。以两台 FGD 脱硫机组为例，DCS 系统用点在 1800～2000，其中开关量点约 1200；温度点约 300；模拟量点约 500。

脱硫常用 DCS 系列的 I/O 模块按功能分，有模拟量输入卡（AI/TC/RTD）、模拟量输出卡（AO）、开关量输入卡（DI）、开关量输出卡（DO）、脉冲量测量卡（PI）等。

I/O 模块的电路板，包括开关电源、直流电源转换、I/O 板以及调理板等，都封装在铝壳中，即可以有效地屏蔽电磁干扰，又可以防护灰尘和外部环境的侵袭。模块同测控网络实现了严格的电气隔离，有效地防止了各种模块之间、模块与网络之间的共地干扰。模块通过底座与现场相接，并通过底座与主机通信和获得电源。模块的地址由设置在底座上的 DIP 开关来设定。

3. MMI 站

根据功能不同，人机接口站（man machine interface，MMI）分为工程师站、操作员站、历史站、接口站等。两台 FGD 脱硫系统通常设置 5 台 MMI 站，其中 4 台操作员站、1 台工程师站、1 台历史站（可与操作员站共用）及 1 台接口站（可与操作员站共用）组成。

（1）工程师站。工程师站是 DCS 系统中组态、管理和维护工程的计算机。一个系统中可以存在多台工程师站，安装了工程师软件，具有相应权限的计算机就是工程师站。用户可以在工程师站上创建工程，组态，安装 DPU，维护工程服务器的数据，维护运行站的数据，管理运行站，以及进行各种系统管理工作。

工程师站是系统管理的核心，但生产过程的控制并不依赖于工程师站，在系统正确部署后，操作员站、DPU、历史站等各功能站都可以正常运行，无需工程师站。

（2）操作员站。操作员站是 DCS 系统实现人机交互的计算机。操作员站以过程画面、曲线、表格等方式，为操作人员提供生产过程的实时数据，借助人机对话功能，操作人员可对生产过程进行实时干预。

操作员站在实时运行状态下，操作员通过操作员站实现对生产过程的实时监控。一个系统中可以有多台操作员站，各站之间相互独立，互不干扰。

（3）历史站。历史站在 DCS 系统中发挥着极为重要的作用。采用例外报告技术和二进制压缩格式收集生产过程参数或衍生数据，包括模拟量、开关量和 GP 点的实时数据、报警信息、SOE 事件队列、操作记录等，并存储到存贮介质中。

历史站作为数据服务器，根据配置文件和测点列表采集和存储生产控制过程中的历史数据和报警数据，并作为服务器为操作员站、制表站等其他 MMI 站提供服务，使之能够显示历史趋势曲线、报警历史信息列表，形成运行报表。

4. 系统网络

脱硫 DCS 系统各站点通过两台交换机和网线组成冗余网络，也叫作 A、B 网。系统网络是连接工程师站、操作员站和现场控制站等节点的实时通信网络，用于工程师站 / 操作站和主控单元之间的双向数据传输。系统网络采用工业以太网冗余配置，可快速构建环型拓扑结构的高速冗余的安全网络，符合 IEEE 802.3 及 IEEE 802.3u 标准，基于 TCP/IP 与实时工业以太网协议，通信速率 10/100 Mbit/s 自适应，传输介质为带有 RJ45 连接器的 5 类非屏蔽双绞线或单模光纤。

控制网（CNET）是现场控制站的内部网络，实现控制机柜内的各个 I/O 模块和主控单元之间的互联和信息传送，通信速率 1.5 Mbit/s，传输介质为屏蔽双绞线或光纤。系统网络和控制网络分别完成相对独立的数据采集和设备控制等功能，有效的隔离工业自动化系统和 IT 系统。

脱硫 DCS 与主机 DCS 交互一般通过单模光纤连接，连接至电厂辅网或锅炉网络。主机与脱硫交互信号通常采用硬接线直接传输。主机至脱硫传输信号一般有：主燃料跳闸（main fuel trip，MFT）、锅炉炉膛吹扫、机组负荷、锅炉引风机导叶开度、锅炉引风机电流等；脱硫至主机传输信号有：脱硫至主机 MFT、脱硫允许锅炉启动、脱硫效率、CEMS 各项参数等。

5. DCS 系统电源

（1）电源要求。DCS 系统采取冗余供电方式，对电源品质要求比较高。电源电压：220 V AC ± 10%；电源频率：50 Hz ± 0.5 Hz；波形畸变：小于或等于 5%（有效值）。出于安全和高可靠性的要求，系统要求外部提供两路 220 V AC 供电，两路电源还必须是同相位的。脱硫 DCS 系统第一路电源一般由 UPS 供给，第二路电源一般由脱硫保安段供给；每路电源接入相线和中性线，地线不引入，系统内所有交流 220 V AC 用电设备的电源线的接地芯直接与柜体或台体的机壳地连接。

图 2-4　DCS 系统控制电源柜

（2）电源的分配与安装。DCS 系统一般设有电源柜，电源柜负责整个系统电源的分配、控制和保护。供给 DCS 系统的两路电源经空气开关后，送到各个控制柜或操作台。操作台的电源首先通过冗余电源快速切换器进行切换，控制柜的电源一般不经过切换，直接供给两路电源，DCS 系统控制电源柜如图 2-4 所示。

控制柜电源采用 NT24/48XE 电源，该电源由三部分组成，即 2 个电源模块（EDPF-PS），和 1 个电源分配盘（EDPF-PD）。两块供电电源模块（EDPF-PS）接受 2 路交流 220 V 电源，转换为两组 DC24 V 和 DC48 V 电源后送到电源分配盘模块（EDPF-PD）；EDPF-PD 扩展 DC24 V 与 DC48 V 各 12 路，从而为模块组、风扇等提供直流电源。

第三节　DCS 系统软件及工程组态

一、简介

DCS 系统软件是配合硬件使用，完成工业自动化控制。一般以工具软件集群的方式出现，包括工程管理工具、组态工具、DPU 管理工具、上位机管理工具、历史查询工具、历史检索工具、点处理工具等。

组态分为逻辑组态和画面站组态。逻辑组态又叫 SAMA 组态，主要功能是建立数据库、分配模件、设定 I/O 点，将组态源文件存储在工程服务器中；画面组态是提供操作界面、工艺流程画面等。组态工作可在有工程师权限的设备上完成。

二、工程组态

1. 组态工具

以国能智深 EDPF-NT+ 系统逻辑组态工具 CB 为例，逻辑组态 CB 界面如图 2-5 所示。

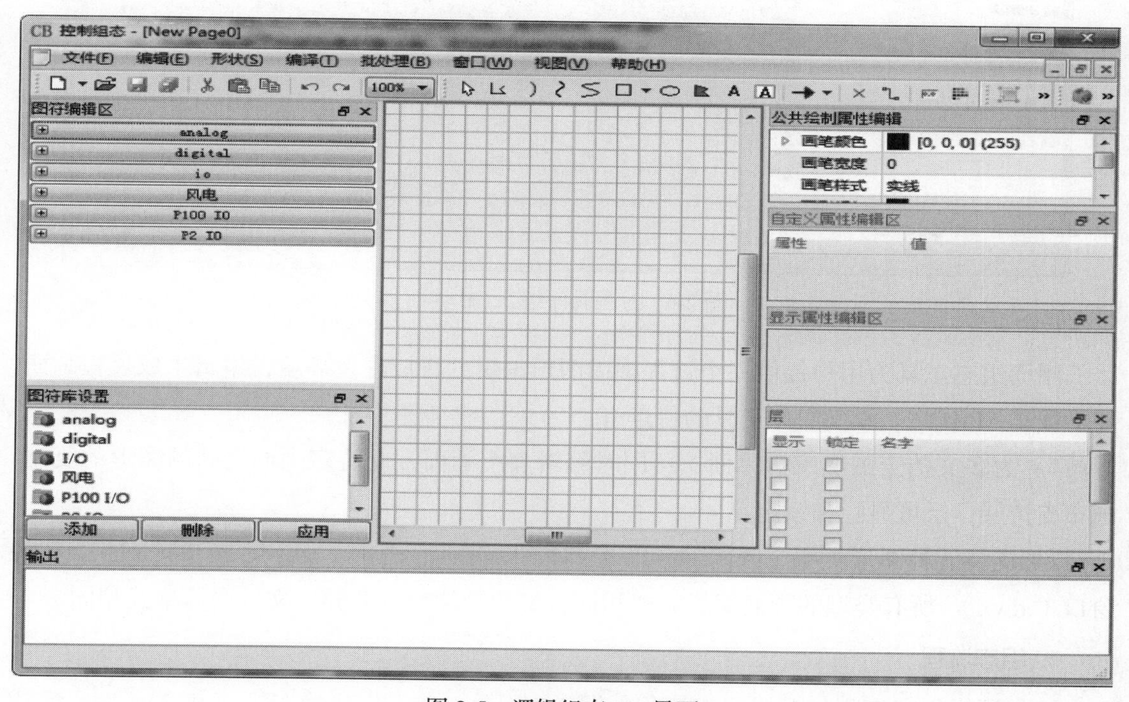

图 2-5 逻辑组态 CB 界面

逻辑组态工具特点有：

（1）拥有图形设计软件的全图形绘图界面，直接绘制 SAMA 图。

（2）提供了功能完善的算法库，可实现各种控制逻辑。

（3）专用的编译工具可将 SAMA 图编译转换为控制站使用的目标文件。

（4）编译的同时可以自动将 SAMA 图转换 MMI 站使用的过程画面，用于实时监视与调试。

（5）开发模式下，可以自定义算法，常用逻辑可以打包成自定义功能块使用。

（6）画面组态工具。画面组态工具以国能智深 EDPF-NT+ 系统画面组态工具 GB 为例，过程画面组态 GB 界面如图 2-6 所示。

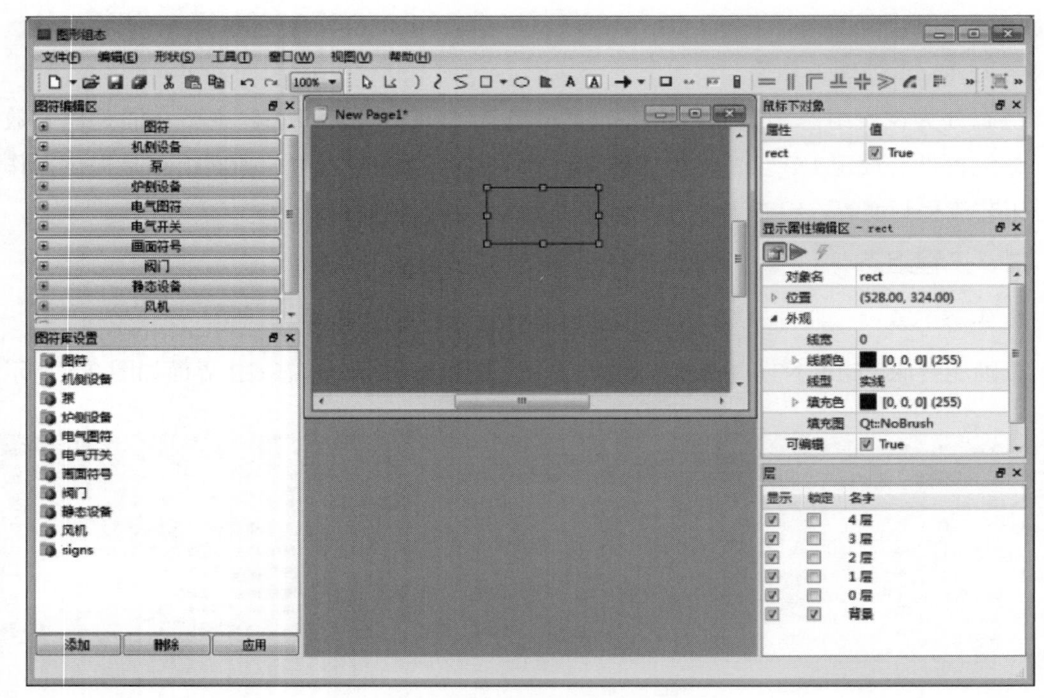

图 2-6　过程画面组态 GB 界面

画面组态工具为用户提供一个过程画面图形编辑的集成开发环境，编辑生成过程画面，并下载至 MMI 站。画面组态工具的特点有：

1）为多文档全图形编辑界面，可同时编辑多个画面，支持多画面之间的图形的复制，画布支持层，层可显隐和锁定。

2）支持五种图形类型主图（.gbp）、窗口图（.gbw）、图符（.gbs）、模板（.gbt）、树控窗口（.dwx）。所有类型的画面编辑方式相同，编辑功能略有差异，文件内部格式相同。

2. 组态流程

（1）逻辑组态流程。逻辑组态流程如图 2-7 所示，首先创建静态逻辑 SAMA 图，完成

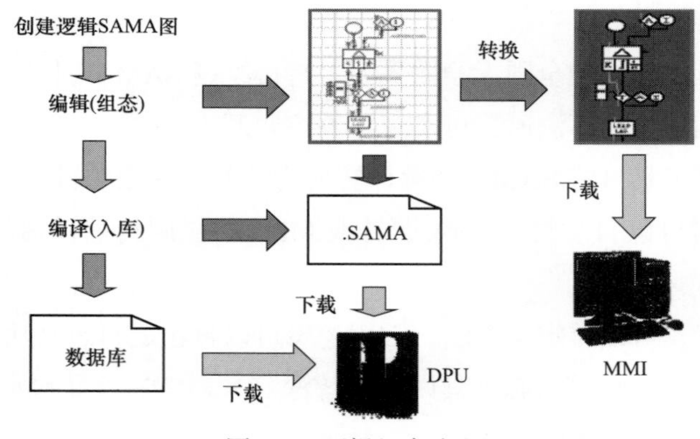

图 2-7　逻辑组态流程

逻辑功能搭建后通过编译生成“.SAMA”文件。该文件是二进制数据文件，可以被 DPU 识别，所以需要下载到 DPU 控制器中。在编译静态 SAMA 图的同时会转换成动态 SAMA 图，下载至上位机中供操作人员观看。

（2）模块组态流程。模块图组态流程如图 2-8 所示，模块组态流程与逻辑组态流程一致。模块组态是 DCS 系统卡件工作的基础，所有外部信号进入系统都会经过先经过卡件转换后进入 DPU 控制器。

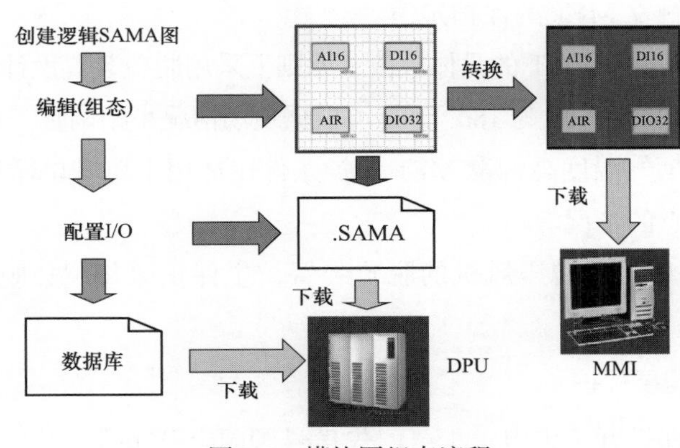

图 2-8 模块图组态流程

第四节 脱硫系统逻辑保护

逻辑保护是脱硫系统能否安全稳定运行的重要保障，是制约发电企业能否长周期达标运行的关键。为了保护脱硫系统设备安全稳定，当生产工况严重威胁到脱硫设备正常运行时（如脱硫入口烟气温度过高），逻辑保护会触发锅炉 MFT。所以，只有设置可靠的联锁保护逻辑，才能保证设备安全稳定，避免事故的发生。

一、脱硫主保护

为保护机组和脱硫装置安全稳定达标运行，需要对脱硫装置联锁保护及相关逻辑进行定值设置，确保保护可靠、准确动作，避免出现（拒）误动作情况。主保护逻辑应从保护脱硫设施和杜绝误跳主机两方面考虑。

1. 脱硫 MFT 保护

吸收塔塔内防腐材料为衬胶或玻璃鳞片、喷淋管使用玻璃钢材质、除雾器模块使用 PP 塑料材质等，这些材料当遇到高温时会加速老化极易引发重大隐患，为防止因锅炉工况异常时进入吸收塔内烟气温度过高，导致上述危险发生，故在主保护中设置 MFT 保护。MFT 保护如下：

（1）原烟气温度高于 180 ℃（三取二），延时 10 s。

（2）吸收塔循环泵均未运行且原烟气温度高于 70 ℃，延时 10 s。

（3）原烟气温度高于 70 ℃（三取二）且吸收塔出口烟气温度高于 70 ℃（三取二），延时 10 s。

其中（1）和（2）为“或”关系，（3）仅适用于单塔单循环。此处给出的限值为一般情况，具体设置以现场实际为准。

2. 主保护逻辑原理

（1）对于入口烟道设置了防爆阀和呼吸阀的情况，建议原烟气压力高、压力低不作为触发锅炉 MFT 的条件；对于未安装的，确认烟道承压能力，防爆阀和呼吸阀动作压力数值，确认原烟气压力触发 MFT 的保护定值。

（2）原烟气温度高触发 MFT 的具体数值，原则上采用脱硫装置设计说明文件中的入口烟气条件的原烟气温度高限（一般为 180 ℃），可根据现场情况小幅调整，往高值调整需慎重。

（3）吸收塔出口烟气温度高触发 MFT 保护条件仅适用于单塔单循环或双塔双循环模式且有三个出口温度测点的情况。

（4）对单塔双循环，无增压风机的脱硫装置，主保护采用“1. 脱硫 MFT 保护中（1）（2）”即可。

3. 脱硫系统其他重要保护

（1）事故喷淋阀保护开（失电、失气、失信号阀门全开）。

1）吸收塔循环泵均未运行且原烟气温度高于 70 ℃。

2）原烟气温度大于 165 ℃。

3）吸收塔出口烟气温度高于 70 ℃。

（2）事故喷淋水箱补水门。

1）联锁开：事故喷淋水箱液位低或事故喷淋控制阀已开。

2）联锁关：事故喷淋水箱液位高且事故喷淋控制阀已关。

（3）消防水喷淋阀（失电失气失信号打开）（若有消防水喷淋系统）。

1）保护开：①吸收塔循环泵均未运行且原烟气温度高于 70 ℃；②原烟气温度大于 165 ℃；③吸收塔出口温度高于 70 ℃。

2）联锁关：至少 1 台循环泵运行，吸收塔入口烟气温度低于 150 ℃。

二、FGD 脱硫系统供浆自动逻辑

在 FGD 脱硫系统工程中，石灰石浆液供给是调节 pH 的重点，pH 与浆液品质和脱硫效率密切相关。控制吸收塔石膏浆液 pH，实际上就是控制石灰石浆液的加入量与通过吸收塔的 SO_2 量的对应关系。

负荷变化直接会导致烟气流量与入口 SO_2 浓度的变化，所以将 SO_2 的变化转化为所需的供浆流量的变化，将这个变化率计算出作为前馈信号达到前馈调节的目的。

1. 调节回路构成

调节回路是以出口 SO_2 浓度为主调节单元和以供浆流量为副调节单元组成的串级调节

回路（主调节单元的输出作为副调节单元的动态给定值）。石灰石－石膏湿法脱硫供浆自动原理框图如图 2-9 所示。

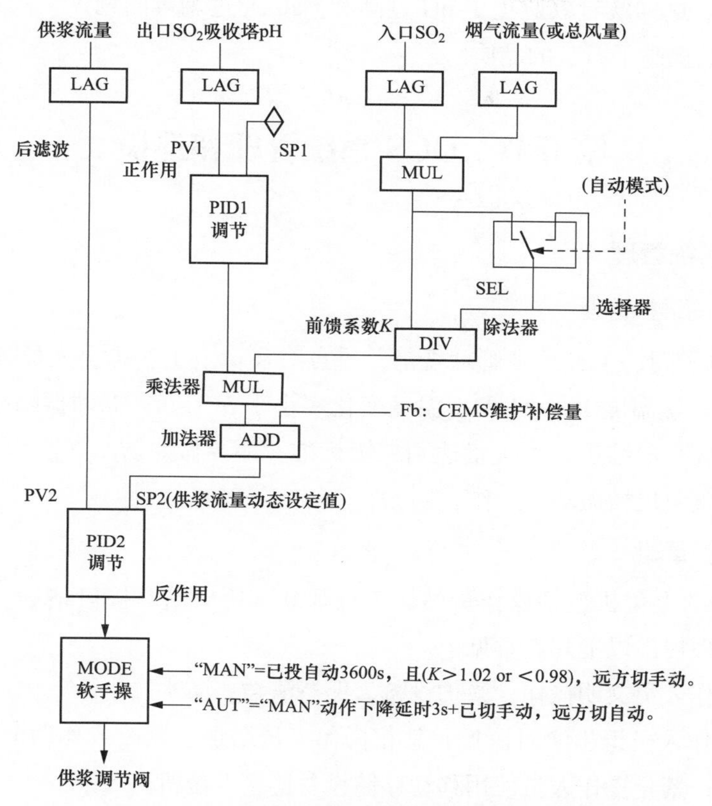

图 2-9 石灰石－石膏湿法脱硫供浆自动原理框图

2. 调节回路原理

当被控对象出口 SO_2 浓度（PV1）偏离给定值（SP1）时，PID1 将偏差 DV1（实际值与手动设定值之差：DV1=PV1-SP1）进行 PID 运算后，PID1 的输出产生改变，新的输出值将改变修正原来的（无偏差时 DV1=0 时）的输出值，即改变供浆流量的给定值（SP2）；当 SP2 变化后调节单元 2 的偏差（DV2）随之发生变化，随即在副调的输出发生改变作用于调节阀，使得供浆流量发生变化，从而将出口 SO_2 浓度值（即 PV1）恢复到给定值（即 SP1）。

实际上当运行工况出现变化，比如锅炉负荷的变化或是吸收塔内浆液密度变化等，都会使得供浆流量与入口 SO_2 产生不匹配的状况，此时原来的供浆流量就不适应当前时刻的工况，才使得出口 SO_2 浓度值偏离了给定值，所以需要一个新的适合目前工况的供浆流量给定值。PID1 的输出就是不断修正供浆流量的给定值使之能够与不断变化的 SO_2 值反应后，出口 SO_2 浓度值始终等于给定值。

PID2 是以供浆流量为调节对象，供浆调节阀为执行单元的副调节单元，当供浆流量出现偏差时（PV2 与 SP2 的差）PID2 的输出会改变供浆调节阀的开度来增减供浆流量使得实际供浆流量迅速达到供浆流量的给定数值，从而将出口 SO_2 浓度值的偏差消除。

经过如此组态后供浆自动跟踪，降低运行操作人员的手动调整频率，避免出口超标等环保事件的发生。这样既有效避免了 pH 过高和 $CaCO_3$ 过剩等问题，又极大地降低了浆液中毒的风险，有效提高了石膏的品质。

第五节 DCS 系统管理和巡检

一、DCS 系统管理

1. DCS 电子间维护管理

编制 DCS 电子间、工程师站管理规范，重点对环境卫生、进出人员等进行详细要求。一般要求电子间环境温度 18～24 ℃，温度变化率小于 5 ℃/h，振动振幅小于 0.5 mm；相对湿度 45%～70%，不结露，含尘量达到二级标准。还要做好防水、防尘、防腐蚀、防干扰、防鼠防虫、避免机械振动等工作。

2. 上位机维护管理

DCS 系统中的上位机包括操作员站、工程师站、历史站、接口站等，根据维护经验，对上位机维护管理提出以下几点意见：

（1）提醒操作人员文明操作，爱护设备，保持清洁，防水防尘。

（2）禁止操作人员退出实时监控；禁止操作人员增加、删改或移动上位机内任何文件或更改系统配置；禁止操作人员使用移动存储设备连接上位机。

（3）避免携带手机或对讲机等通信工具靠近上位机以免造成电磁场干扰；避免移动运行中的计算机、显示器等；避免拉动或碰伤连接好的各类电缆。

（4）上位机应远离热源，保证通风口不被它物挡住。

（5）禁止使用非正版的操作系统软件；禁止在实时监控操作平台进行不必要的多任务操作，运行非必要的软件；禁止强制性关闭计算机电源；禁止带电拆装计算机硬件。

（6）上位机防病毒工作尤为重要，应特别注意以下几个方面：

1）应使用光盘存储数据或备份，禁止使用移动硬盘及 U 盘。

2）不在控制系统网络上连接其他未经有效杀毒的计算机。

3）不将控制网络连入其他未经有效技术防范处理的网络等。

4）操作站、工程师站、服务器等计算机设备如果需重新安装软件，必须严格按照厂家提供的装机手册进行。

3. DPU 站维护管理

（1）DPU 控制站的任何部件在任何情况下都严禁擅自改装、拆装。

（2）在进行例行检查与改动安装时，避免拉动或碰伤供电、接地、通信及信号等线路。

（3）卡件维护时必须佩戴防静电手环。

（4）设备正常运行时，关闭柜门。

4. DCS 系统备份管理

（1）系统软件备份：包括操作系统、驱动程序、控制系统软件，针对实际使用中的光盘和软盘的容易磨损的缺点，注意多做备份，并采用移动硬盘、U 盘、硬盘等备份形式确保各软件的保存。

（2）工程软件备份：定期做好工程组态软件、控制组态数据库及控制子目录文件的备份，确保工程文件和数据库文件是最新的和完整的。

（3）硬件备份：对易损、使用周期短的部件和关键部件如键盘鼠标、I/O 模块、电源、通信卡、各种风扇等都应根据实际情况做适量的备份。

（4）服务资料：制作包括硬件生产厂家、系统设计单位，工程服务单位人员联系资料；整理各类产品的售后服务范围、时间表等。

5. DCS 系统维护制度管理

建立健全 DCS 维护检修系列管理制度，对影响系统安全的操作权限、组态修改、计算机软件管理、系统防病毒等应有详细的要求规定。包括 DCS 信号强制、历史数据调用管理、重要联锁投入 / 切除等进行严格管理，特别是装置运行期间原则上不进行组态的修改或硬件的改动，防止系统发生意外，造成装置停运。

二、DCS 系统日常巡检

根据 DCS 系统使用经验，在日常巡检维护方面提出如下要求：

1. 环境检查

严格按照 DCS 电子间维护管理要求，检查电子间、工程师站、集控室工作环境。在日常巡检中对 DCS 室内中央空调的运行状况的定期检查，发现空调设备不正常运行或室内温度、湿度异常时，及时处理。

2. 电子间设备检查

检查各 CPU、I/O 卡件、电源模块的工作状态，通过眼看（看状态指示灯是否在正常指示位，有无报警指示等）、耳听（听电源和冷却风扇运行有无摩擦等其他异常声音）、手摸（触摸电源表面确认温度是否正常），提前发现设备可能存在的故障隐患并及时处理。

定期检查各控制器的负载情况，测试 CPU 负荷率，确定所有控制站的中央处理单元恶劣工况下的负荷率不超过 60%；操作站、数据管理站的中央处理单元恶劣工况下负荷不超过 40%；如果测试数据接近上限值，不得再增加点数或增加 CPU 负荷的其他操作。

3. 上位机画面检查

每天巡检时需要查看 DCS 画面设备状态图和自检画面，确定各系统设备的包括节点及网络状态是否正常运行或工程师站、操作站有无死机现象；如有设备运行异常，则应做好措施并及时恢复正常。此外还检查操作站的历史趋势及SOE系统是否能正常记录最近时间的历史数据，检查对温度补偿值及每天的重要报警历史数据，便于及时发现系统设备的异常。

4. 上位机检查

上位机检查指检查控制柜、控制主机、显示器、鼠标、键盘、网络设备、电源线、通信线、信号线等硬件是否完好，做好备件采购和存储工作；至少每周一次做好控制柜、操作台外表卫生清洁工作；至少每两周一次对机柜内计算机、控制站、风扇等表面定期卫生打扫；每两周定期清扫机柜过滤网；每天检查控制柜、操作台风扇运行，损坏后及时更换。

第六节　DCS系统检修

DCS系统检修的主要内容包括：系统停运前各部件状态检查，做好记录进行针对性的检修；系统停运后要对系统各部件、柜体进行清扫，卡件及网络设备应进行测试及切换试验，以检验各硬件设备技术特性能否满足安全稳定运行；对系统软件及应用软件进行逻辑检查及功能性试验。

一、检修前的准备工作

（1）工作前工作负责人要汇总DCS系统缺陷，进行分析并制定检修项目、计划检修工期等。

（2）针对检修项目编制作业文件包。

（3）执行检修手续，并对工作班成员进行交底。

（4）工器具及备件准备。

二、DCS系统断电前检查

DCS系统断电前必须确认断电DPU柜中是否存在无法长时间停运或公用系统设备，并做好相应安全措施。DCS系统断电前需操作项目及操作标准见表2-1。

表2-1　**DCS系统断电前需操作项目及操作标准**

工序	操作项目	操作标准
1	办理工作票，填写工作具体内容，做好隔离措施	检修过程中不能变更工作负责人
2	进行脱硫系统DCS断电检修期间历史数据中断的环保申报工作	申报时间要尽量跨过检修时间段，并做好记录
3	做好计算机控制系统软件和工程文件备份工作；做好历史数据的备份工作；并进行数据复制	复制数据的光盘要做好标记，小心存放
4	检查双路电源供电电压（包括UPS供电电源电压及保安段供电电源电压）、各机柜供电电压、直流电源电压及各电源模件的运行状态，做好电源回路中存在的缺陷及需要整改的工作	分机组机柜里UPS电源及保安段电源要有明显标识，一般固定安装方式为左侧UPS、右侧保安段

续表

工序	操作项目	操作标准
5	检查机柜内各模件工作状态、各通道的强制、退出扫描状况和损坏情况、各操作员站、服务器、通信网络的运行状况等，并做好记录	对无法系统全部断电进行的项目进行统计和汇总，以便及时进行处理；对设备硬件存在的缺陷进行统计，择机进行检修或维护
6	在线打印出每个DPU柜的模块位置布置配置图，以做后期备用	
7	在线打印出每一个模块通道设置图，包括继电器柜	将打印出模块通道出线图打印并粘贴在DPU柜盘面上，方便检修

三、DCS系统检修

以国能智深生产EDPF-NT+型DCS系统为例。在确认DCS系统断电后可开展检修工作，DCS系统检修需操作项目及操作标准见表2-2。

表2-2　**DCS系统检修需操作项目及操作标准**

工序	操作项目	操作标准
1	DPU柜清扫	
	在脱硫电子间“DCS电源及网络柜”内分别断开脱硫DCS卡件柜保安段电源及UPS电源	检修过程中工作负责人不能有变更，DPU柜内24 V电源模块保持左侧UPS、右侧保安段
	在DCS卡件柜内分别断开主/备2个24 V及48 V电源开关；DCS卡件扩展柜内分别断开主/备2个24 V及48 V电源开关；断电前检查DPU柜24 V电源开关模块动作情况，如出现开关分合不灵活及时更换电源模块	电源标识要清晰，粘贴要牢固；24 V、48 V电源模块开关分合要灵活
	DCS模件柜DPU卡件检查及清理（清理前确认脱硫DCS系统电源全部断开后，再次确认柜内DPU卡件及模件全部停止工作；24 V及48 V直流电源指示灯灭；机柜风扇全部停止运转）	拔下网线时做好标记，DPU控制器网线水晶头颜色分灰、蓝两种颜色，灰、蓝不能插错位置
	拔下主DPU控制器主、备网线；松开固定1号DPU控制器螺钉，轻轻拔下DPU控制器，放在预先准备好的胶皮垫上	DPU及I/O卡件一定要做好标记，小心放置，禁止与其他混淆放置
	松开DPU控制器底部4个螺钉，从铝壳盒子里将DPU控制器主板取出，用带有喷头电子清洗液清洗控制器主板	提前准备好两块不同大小的胶皮垫，一块清理时使用，一块放置卡件
	用干净的软布清理DPU卡件铝壳盒内外清理干净	检查线路板应无明显损伤和烧焦痕迹、线路板上各元器件应无脱焊
	清洗完毕后将DPU控制器主板装回铝壳盒内，旋紧4个脚固定螺钉	所有卡件要轻拿轻放，严禁摔、磕、碰
	做好标记放在预先转备好的另外一块胶皮绝缘垫上，以待随后安装	操作过程中全程使用防静电手环

续表

工序	操作项目	操作标准
2	DCS 系统 I/O 模块检查及清理	
	清理前首先要检查 I/O 模块所带的标记跟 DCS 柜内配置图相一致	清理模块要逐一进行
	旋开固定模块的 4 个螺钉，轻轻拔下 I/O 模块，将模块放在预先准备好的绝缘垫上	拔下模块时不要大幅度左右晃动，以防金手指弯曲
	旋开模块底部 4 个螺钉，将模块调理板从铝壳盒内取出	去掉的螺钉要放在预先准备好的干净盒子内，定制归放
	用干净的软布将铝壳盒内外轻轻地擦拭干净	用布擦拭模块外壳时，小心不要弄破模块型号标签
	清理后检查主板上各通道电子元件是否完好	检修时不要拨动调理板上拨码开关位置，必须保持原状态
	完毕后将调理板放回铝壳盒内，旋紧 4 个螺钉，放在预先准备好的胶皮垫上	对每个需清扫的模件的机柜和插槽编号、跳线设置做好详细、准确的记录
	如在检修前有统计的故障通道，要及时将接线更换为备用通道，并做好记录，待启动后对 DCS 数据库重新配置	所有卡件要轻拿轻放，严禁摔、磕、碰
3	卡件检查、更换	
	如果需更换 AI 模拟量输入卡件时，一定要注意模拟量输入通道中有源和无源的跳线方式（按照以上步续逐个对机柜内卡件进行检查和清理）	检修时不要随意拨动调理板上拨码开关位置
	模块地址的定义：模块地址由底座上一组 7 位拨码开关来设置，7 位地址 A0～A6，分别对应开关的 1～7；拨码处于“ON”时，该位为“0”，反之为“1”；EDPF-NT+ 系统软件目前允许的模块地址为 01H～7FH（0000001B～1111111B），即十进制的 1～127	清理后的卡件平整摆放，不能向上推挤
4	继电器柜检查清理	
	检查继电器安装是否牢固	继电器安装牢固
	检查预制电缆接插是否牢固	预制电缆接插牢固
	检查继电器输入输出接线是否牢固	继电器柜内接线牢固
	继电器柜底部封堵	继电器柜底部封堵严密
5	DCS 模件柜、继电器柜清理	
	清扫柜顶及柜侧风扇	清扫后应清洁、无灰、无污渍，散热风扇转动灵活；机柜、槽位、机架清扫后干净整洁
	清理卡件底座	工作人员必须戴好防静电接地腕带，并尽可能不触及电路部分

续表

工序	操作项目	操作标准
	清理接线端子	清洁用吸尘器须有足够大的功率，以便及时吸走扬起的灰尘；使用瓶装氮气进行吹扫作业，压力一般宜控制在 0.05 MPa 左右
	机柜滤网更换	按照实际尺寸大小更换机柜滤网
6	电缆整理及接线检查	
	清扫、整理机柜内电缆	电缆挂牌排列整齐，字体向外
		机柜两侧电缆槽盒完好，电缆不能有溢出
		紧固所有连接接头（或连接头固定螺钉）、各接插件和端子接线；检修后手轻拉各连接接头、接插件和端子接线应牢固无松动
7	DPU 控制器及 I/O 卡件安装	
	机柜、机架和槽位清扫干净后，按照模件上的机柜和插槽编号将模件逐个装复到相应槽位中，就位必须准确无误、可靠；模件就位后，仔细检查模件的各连接电缆（如扁平连接电缆等）应接插到位且牢固无松动，紧固固定螺钉并将卡锁入扣	卡件必须 4 个螺钉牢固固定，不能左右有晃动
8	机柜底部封堵	
	用防火泥将机柜底部不严密地方进行封堵	封堵应平整美观；注意机柜底部与电缆夹层之间的防火隔板应没有脱落
9	系统接地检查：国能智深的 DCS 系统接地包括模拟量屏蔽接地（AG）、机柜或盘台保护地（CG）（EDPF-NT+ 系统逻辑电源浮空，不存在逻辑地，在柜内连接，同排机柜由 16 mm^2 多芯铜线连接作为一组汇流后引入电缆夹层汇流铜排；集控室操作台的接地电缆统一汇总到两端操作台后接入电缆夹层接地铜排。通过接地电缆将 DCS 接地铜排接至 DCS 专用接地极）	
	检查机柜内部 CG、AG 连接是否牢固，压线处辫子处是否有散开，散开后是否有没完全压住的可能	柜内接地螺栓要牢固，辫子压线处不能散开
	检查同排机柜汇入点接线是否牢固	铜鼻压线应牢固，汇流铜排上不应有污垢
	检查电缆间层汇流铜排接线牢固（对铜排进行打磨）	接地极压线螺栓牢固，无锈蚀
10	接地测试	
	在 DCS 专用接地极处松开接地电缆螺栓，用接地测试仪测试接地极接地情况	DCS 系统与接地网间接地电阻小于 0.5 Ω
	测试完毕后恢复接地电缆（最好采用焊接方式）	做好测试记录
11	工程服务器清灰项目	

续表

工序	操作项目	操作标准
	拔下服务器电源及数据连接线，将服务器放置在预先准备好的绝缘垫上	拔下服务器网线做好连接标记，网线插错会导致历史数据无法调取
	打开机壳，检查服务器线路板	检查线路板应无明显损伤和烧焦痕迹、线路板上各元器件应无脱焊
	用专用鼓风机吹扫机壳内部灰尘	
	检查散热风扇，用手轻轻拨动，如果有卡涩现象应更换	服务器吹扫场所要通风良好，避免污染其他
	更换服务器机壳上滤网	滤网应完整、无灰
	用干净软布清理机壳外部	机壳外部应干净、整洁
	再次检查服务器内部各部位连接正常后恢复机壳	内部各连线或连接电缆应无断线，各部件设备、板卡及连接件应安装牢固无松动，安装螺钉齐全
	按标记恢复连接服务器各接插件	
12	显示器清理	
	拔下所有显示器接插件，对显示器进行外清扫	显示器画面清新，无污渍
	显示器屏需专用清洗液清洁	
	清洁后恢复数据及电源线；根据检修前缺陷统计如有显示器不符合要求及时更换	
13	键盘及鼠标清理	
	用药棉蘸取电子清洗液清理键盘上的污渍，对检修前统计的不合格键盘及鼠标及时更换	键盘应反应灵敏，各键响应正确；鼠标球体、滑轮、光电鼠标反光板，清洁应无灰、无污物

四、DCS 系统检修后上电

检修工作结束后，应严格按照检修规程的要求，对 DCS 系统进行重新上电工作，DCS 系统检修后上电工作内容见表 2-3。

表 2-3　DCS 系统检修后上电工作内容

工序	操作项目	操作标准
1	送电前检查	
	与各工作站的冗余通信电缆，应连接完好、正确、牢固、美观	上电前检查与 DCS 系统相关的所有子系统的电源回路，经确认无人工作
	现场控制站内的数据通信线，以及各现场控制站间的通信线，应连接完好、正确、牢固	

续表

工序	操作项目	操作标准
	预制电缆连接完好、正确、牢固；操作员站、工程师站和功能服务站、各工作站的计算机、CRT、打印机等的电源应连接完好	与DCS系统相关的所有子系统状况，允许DCS系统上电
	各工作站与现场控制站等之间的冗余数据通信线，应连接完好、正确、牢固	
2	总电源投入	
	在低压配电室UPS直流间将“脱硫DCS系统UPS电源开关”合上，检查并测量“DCS电源及网络柜”正面柜UPS进线电压是否正常；无问题后在低压配电室合上“脱硫DCS保安段电源”开关，用万用表测量保安电源进线端子电压情况	送电前首先确认“DCS电源及网络柜”上所有电源开关处于断开状态；确认“DCS电源及网络柜”进线电缆接线牢固；确认DPU柜内工作已全部结束
3	快切装置电源投入	
	在“DCS电源及网络柜”依次合上快切器SW1-1、SW1-2第一路UPS电源；检查电源快切器显示UPS段220 V电压是否正常	快切器主、备电源要依次投入
	然后合上快切器SW2-1、SW2-2第二路保安段电源开关，检查2个快切器保安段220 V电压显示是否正常；用万用表测量4个24 V电源模块是否正常	快切器两路电源不受“DCS电源及网络柜”内“UPS”电源总开关及“保安段”电源总开关的控制
4	工程师站、历史站、操作员站电源投入	
	在“DCS电源及网络柜”依次合上SW1-1、SW1-2电源控制下的各工控机（如ENG191、OPR192、HSR200、SCOM198）电源开关，检查启动情况	工程师站、历史站、操作员站、接口站要依次投入，逐个检查启动正常
	依次合上SW2-1、SW2-2电源开关控制下的各工控机（如OPR193、OPR194、OPR195操作员站及HSR201历史站）电源开关，检查启动情况	检查各站网络接入正常，各站权限分配正常，DCS软件启动正常无漏项
5	各控制站电源投入	
	在“DCS电源及网络柜”合上“UPS电源总开关”	确认“DCS电源及网络柜”内各DPU柜“UPS”电源开关处于断开状态
	在“DCS电源及网络柜”合上“保安段电源总开关”	确认“DCS电源及网络柜”内各DPU柜“保安段”电源开关处于断开状态；确认“DCS电源及网络柜”上两路“网络交换机电源”处于断开状态
6	网络交换机电源投入	
	在“DCS电源及网络柜”合上“网络交换机电源1”，再合上“网络交换机电源3”；合上后检查对应的24 V直流电源模块运行情况及网络交换机1、3运行情况	“网络交换机电源1”和“网络交换机电源3”控制的是A网

续表

工序	操作项目	操作标准
	正常后在“DCS电源及网络柜”合上“网络交换机电源2”和“网络交换机电源4”；合上后检查对应的另外两个24 V直流电源模块运行情况及网络交换机2、4运行情况	“网络交换机电源2”和“网络交换机电源4”控制的是B网
7	DPU柜电源投入	
	确认各DPU柜工作全部结束，确认各DPU柜内24、48 V电源为断开状态	DPU控制器面板指示灯显示状态：①24 V电源；②48 V电源；③看门狗，正常绿色灯闪烁；④超温报警；⑤通信灯，常亮或闪烁（绿色）；⑥主控状态指示，运行时为闪烁（绿色）；⑦CF卡操作室灯亮
	在“DCS电源及网络柜”送入DPU柜UPS电源	DPU柜模件面板指示灯状态显示：（PWR：电源指示灯，正常时亮；CPU：正常时亮，闪烁或不亮时故障；COM：正常时闪烁，不亮时为故障）
	在柜内将左侧（UPS）24、48 V电源开关送入，送入后DPU柜控制器及所有卡件即带电；检查DPU主/备用控制器是否正常启动，面板指示灯运行状态正是否常；检查24、48 V电源是否正常，检查DPU柜内所安装的I/O模块运行状态是否正常	DPU柜主、备电源不要同时送入，先送入一路，待DPU控制器启动后再送入第二路备用电源
	待主/备DPU控制器彻底启动后，在“DCS电源及网络柜”送入DPU柜保安段电源	送电后检查电源是否投入
	在DPU柜内将右侧（保安段）24、48 V电源开关送入，即柜内备用电源投入备用	通电后DPU柜电风扇转动应正常、无卡涩
8	电源全部送入后，在CRT或工程师站打开系统自诊断画面，通过系统自诊断检查DCS系统运行状态，检查脱硫系统设备运行状态	
	查看A、B网卡状态	网卡运行状态显示：蓝色为离线、绿色为工作、黄色为故障
	查看DPU运行状态	DPU运行状态显示：蓝色为离线、红色为主控、绿色为备用、黄色为故障
	查看I/O模块运行状态	I/O模块运行状态显示：蓝色为离线、绿色为工作、黄色为故障
	查看24、48 V电源运行状态	24、48 V电源显示状态：绿色为正常，黄色为故障
9	GPS授时装置启动	
	在201历史站上打开网络映射器，单击GPS文件，启动GPS授时装置运行图标及时间控制站，进行主时钟与标准时间的同步校准	DCS系统时间必须同步，统一为北京时间

续表

工序	操作项目	操作标准
10	软件检查及操作系统检查	
	重新启动各计算机，启动显示画面及自检过程应无出错信息提示，否则予以处理	对于并行的设备，如操作员站等，停用其中一个或一部分设备，应不影响整个DCS系统的正常运行
	删除系统中的临时文件，清空回收站；对于不具备数据文件自动清除功能的各工作站，应对无用的数据文件进行手工清理	
	DCS系统逻辑修改等工作完成后，须再次进行工程备份	无论是工程师站、操作员站、历史站、SIS接口站必须设置有电源消失恢复后的自启动功能，并且能够自动进入操作系统
	查历史站存储设备应有一定的容量储备，如不足要及时进行升级改造	
11	权限设置检查	
	检查各操作员站、工程师站和其他功能站的用户权限设置，应符合管理和安全要求	工程师站、历史站密码要统一，定期修改，并专人管理
	检查各网络接口站或网关的用户权限设置，应符合管理和安全要求	操作员站只限于操作，不能进入工程师权限

五、DCS系统切换试验

为保障DCS系统可靠性，检修后应对系统电源切换试验、DPU冗余切换试验、网络切换试验，试验工作可参照表2-4执行。

表2-4　　DCS系统切换试验项目及标准

工序	试验项目	试验标准
1	DCS系统两路电源无扰动切换试验	
	检查各DPU柜确认UPS电源、保安段电源均已投入，电压正常	做好人员及通信设备安排，保证通信畅通
	在低压配电室直流间馈线柜上拉开“DCS系统UPS电源”开关，热工试验人员及运行人员观察工程师站、操作员站、历史站、SIS接口站是否有重启、信号异常变化等现象	无扰动切换期间，所有工作站不应有重启、信号异常变化现象发生
	在电子间确认“DCS电源及网络柜”上UPS电源电压消失；确认DCS系统UPS电源消失音响报警正确；确认各DPU柜UPS电源已断开，而且标识正确；确认各DPU柜保安段工作正常，标识正确	试验过程中，DCS系统电源应能正常无扰动的从UPS电源切换到保安段备用电源，切换过程中，故障诊断显示应正确，UPS电源失去等相关报警外，系统应无任何异常发生
	在配电间直流馈线柜上合上“DCS系统UPS电源”开关	做好试验记录

续表

工序	试验项目	试验标准
	确认 UPS 电源正常后（可以通过系统自诊断检查电源正常情况），拉开 DCS 系统保安段电源开关，观察工程师站、操作员站、历史站、SIS 接口站是否有重启、信号异常变化等现象	工程师站、操作员站、历史站、SIS 接口站无重启，信号稳定无异常变化
	在电子间确认“DCS 电源及网络柜”上保安段电源电压消失；确认 DCS 系统保安段电源消失音响报警正确；确认各 DPU 柜保安段电源已断开，而且标识正确；在低压配电室合上 DCS 系统保安段电源，再次核实电源确已投入备用	DCS 系统保安电源已断开，且投入可靠备用
	保安段失电： 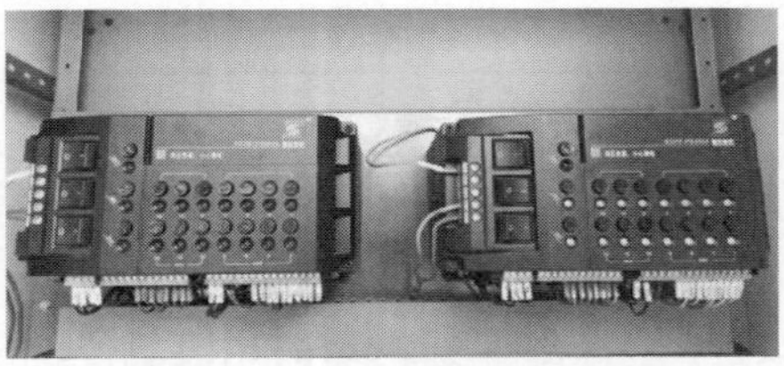 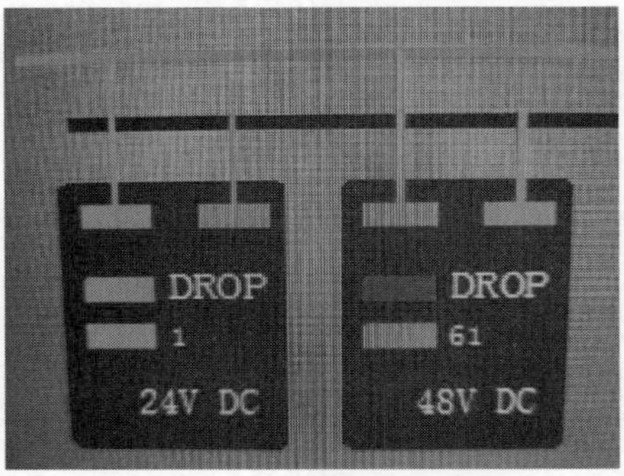	UPS 失电： 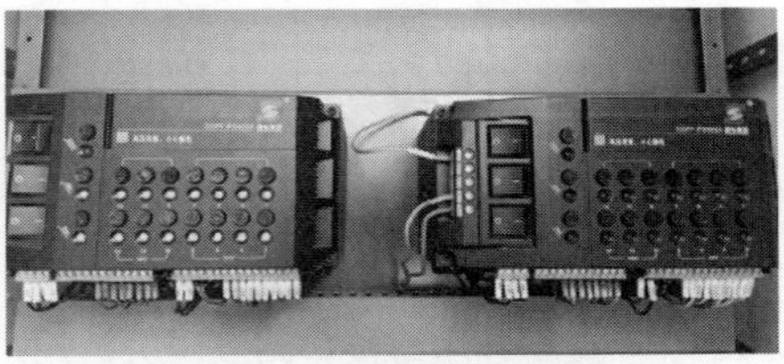 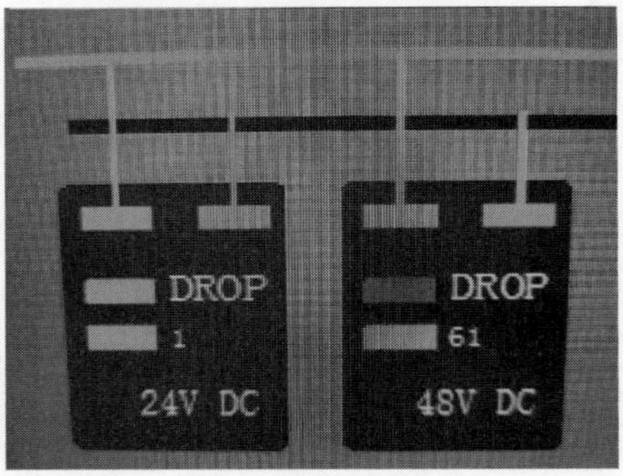
2	DPU 控制器第一种无扰动切换试验（一般左侧为主站，右侧为备站；正常情况下，判断是控制器是否运行的方式是通过 DPU 控制器面板指示灯“6”来判断，“6”指示灯绿色闪烁为运行，否则为备用）	
	在 DPU 控制器底部将运行的 DPU 控制器电源关掉，备用 DPU 控制器面板上的“6”指示灯瞬时闪烁，观察系统画面及设备状态运行情况	控制器切换过程中，DPU 控制器应能正常从主设备到备用设备之间的无扰切换，切换过程中，故障诊断显示应正确，除 DPU 故障等相关报警外，系统应无任何异常发生，系统画面及设备状态将不受任何影响，系统数据不得丢失、通信不得中断、报警正确、诊断画面显示应与试验实际相符
	恢复主 DPU 控制器电源，系统继续保持备用控制器运行状态	做好切换记录
	待主控制器启动正常后，再断开右侧备用控制器底部电源开关，系统快速切回主控运行，恢复主控制器运行模式	因 DPU 控制器有启动时间，在“断电方式”进行切换试验过程中，中间过程要慢，待控制器彻底启动后方可断开另一个，以防造成设备故障

续表

<table>
<tr><th>工序</th><th>试验项目</th><th>试验标准</th></tr>
<tr><td rowspan="6"></td><td>最后将恢复右侧备用控制器电源，启动后保持备用模式</td><td>控制器电源正常，且处于备用模式</td></tr>
<tr><td>切换试验前：
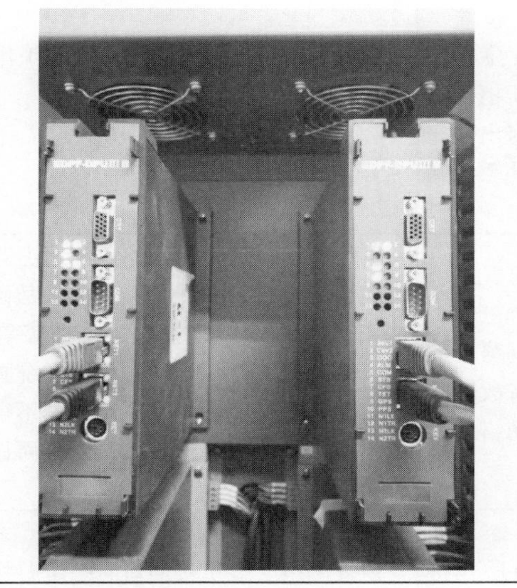
</td><td>切换试验后：
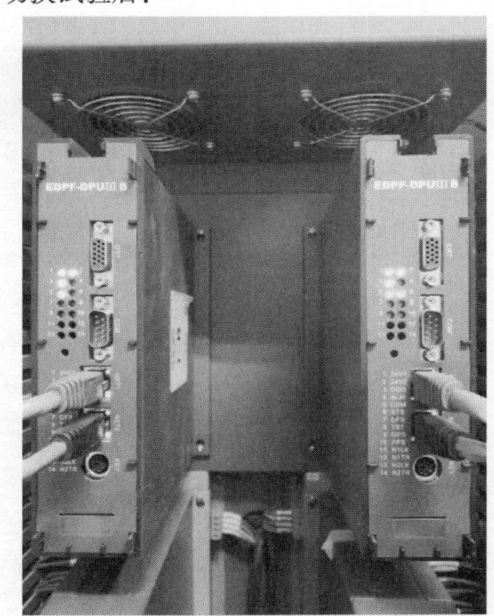
</td></tr>
<tr><td colspan="2">DPU 控制器第二种切换方式：</td></tr>
<tr><td colspan="2">在工程师站打开 EDPF-NT+ 文件，点击站管理工具，在站管理工具下可以查看 DPU 控制器目前的运行模式；首先选择要切换的“站号”，点击“切换”按钮，即可以进行“主到备”或“备到主”间的切换，切换过程中也可以利用其他工作站，打开 DCS 系统状态图，很方便地查看切换过程中 DPU 运行模式及故障状态</td></tr>
<tr><td>切换试验前：
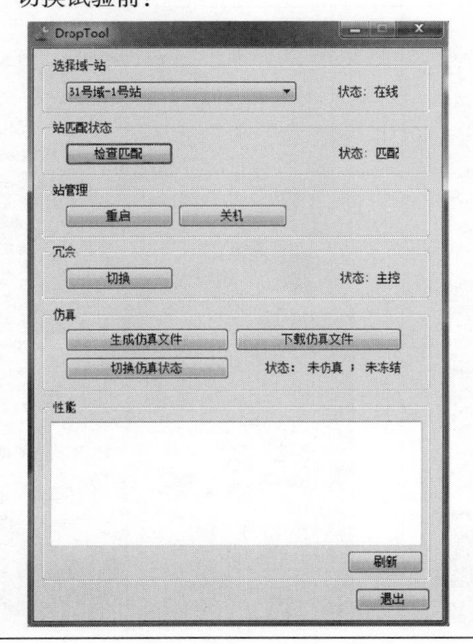
</td><td>切换试验后：
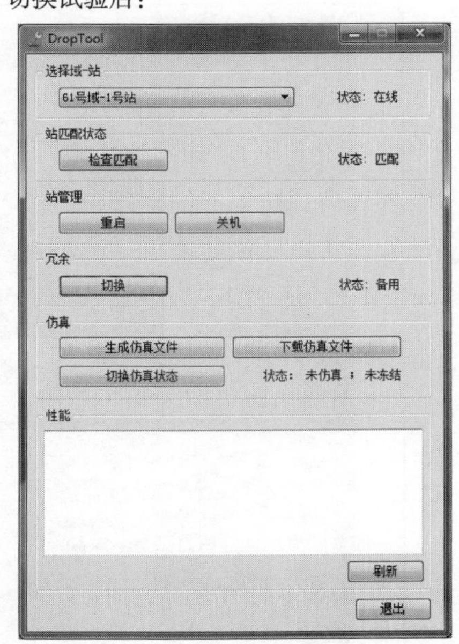
</td></tr>
</table>

续表

工序	试验项目	试验标准
3	DCS 系统双网双冗余网络切换试验：	
	（1）DCS 系统具备了双网双卡功能，安全性能极高，在任何一路网络故障情况下，实现无扰动自动切换。 （2）在 DCS 系统网络电源柜内拔掉“交换机电源 2”24 V 电源插头（即 DPU 柜的 B 网），该交换机所连接的 DPU 柜 B 网卡出现离线状态，脱硫所有设备因为 A 网存在使系统网络持续保持通信畅通	试验前首先要确认各控制站、工作站 A/B 网链接正常
	恢复 B 网，在操作员站或工程师站打开系统自诊断画面，通过系统自诊断检查各 DPU 柜、工程师站、操作员站、历史站的 B 网网络故障已经消失，处于正常连接状态；如果有故障及时检查对应网线连接情况，任何一路网络故障没有排除以前不允许下一步实验	网络在切换过程中应能正常无扰动的从 B 到 A 或从 A 到 B 之间的无扰切换，故障诊断显示应正确，除 DPU 控制器网络故障等相关报警外，系统应无任何异常发生，系统画面及设备状态将不受任何影响，系统数据不得丢失、通信不得中断、报警正确、诊断画面显示应与试验实际相符
	B 网恢复正常后，拔下“交换机电源 24 V 电源 1”（即 DPU 柜的 A 网），该交换机所连接的 DPU 柜 A 网卡出现离线状态，脱硫所有设备因为 B 网存在使系统网络持续保持通信畅通	恢复网络交换机接插口时一定要将固定螺钉锁紧
	恢复 A 网交换机电源，通过系统自诊断检查各 DPU 柜、工程师站、操作员站、历史站的 A 网网络故障已经消失，处于正常联网状态，网络切换试验即完成	有些增容的 DPU 柜可能增加有小型主、备网络接口机，这样主网的切换试验在这个 DPU 柜起不到作用，需要在该 DPU 柜内 DPU 控制器上重新进行网络切换试验
	A 网断网后： 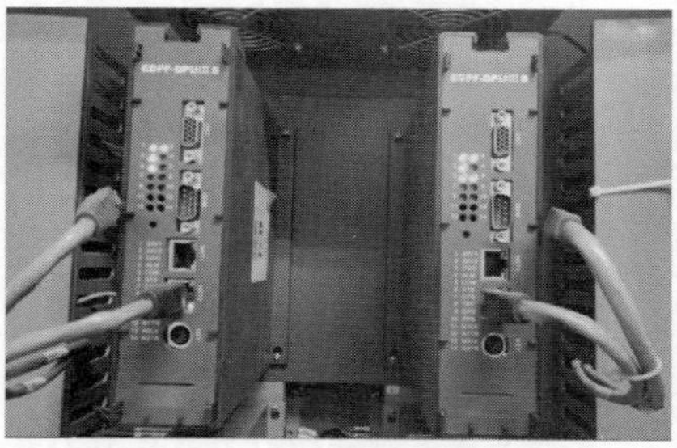 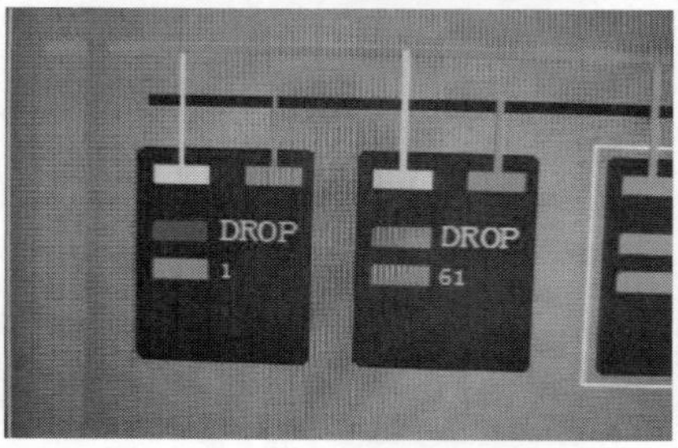	B 网断网后： 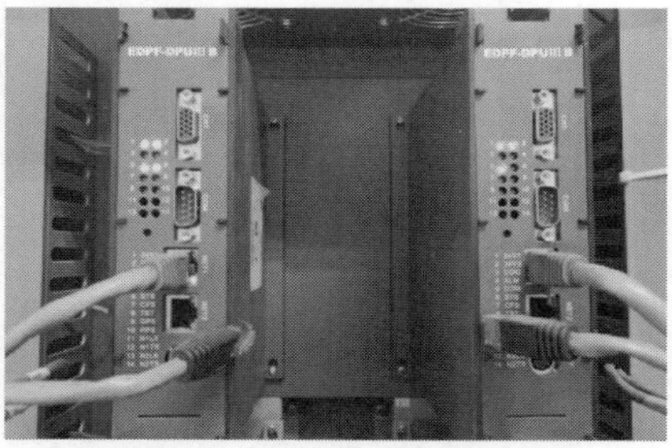 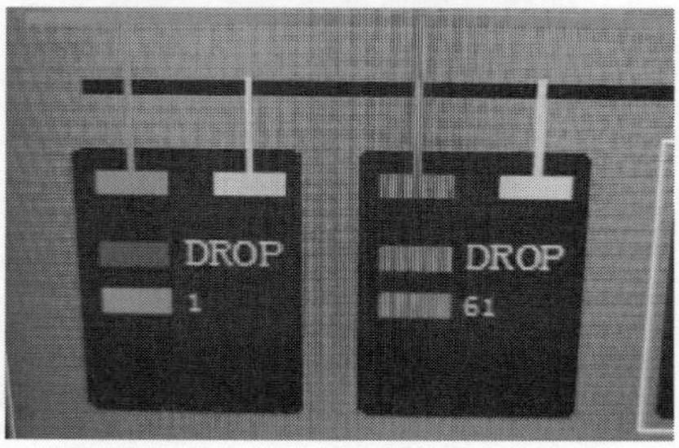

续表

工序	试验项目	试验标准
4	DPU 控制器主、备网络切换试验	
	在 DPU 控制柜里，先后拔掉主控制器上两根网线，DCS 系统瞬间切至备用控制器；恢复主控制器网线，系统继续保留备用控制器及备网运行模式	DPU 控制器网络在切换过程中，应能正常地从“主到备”或从“备到主”之间的无扰动切换，切换过程中，故障诊断显示应正确；除 DPU 控制器网络故障等相关报警外，系统应无任何异常发生，系统画面及设备状态将不受任何影响，系统数据不得丢失、通信不得中断、报警正确、诊断画面显示应与试验实际相符
	再拔下备用 DPU 控制器两根网线，系统快速切换至主控制器及主网运行模式，最后恢复备用控制器网线，系统保持“主运备从”模式	
	主 DPU 切换： 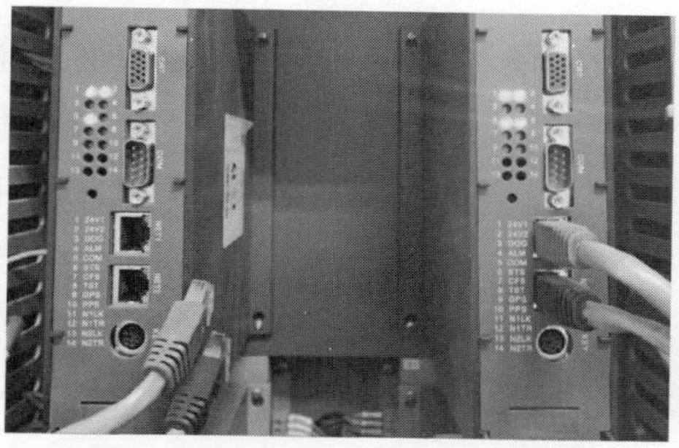 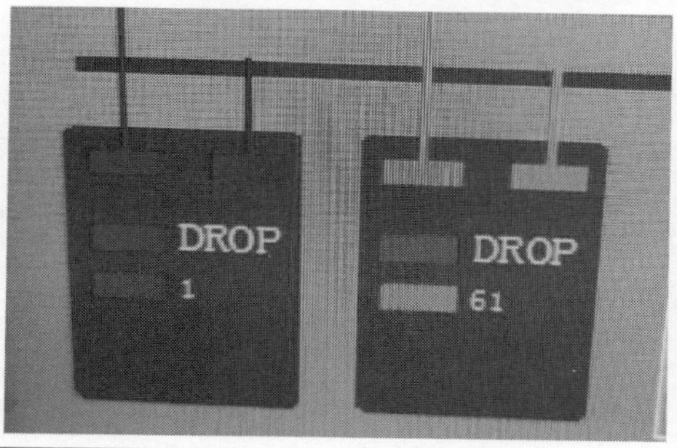	辅 DPU 切换： 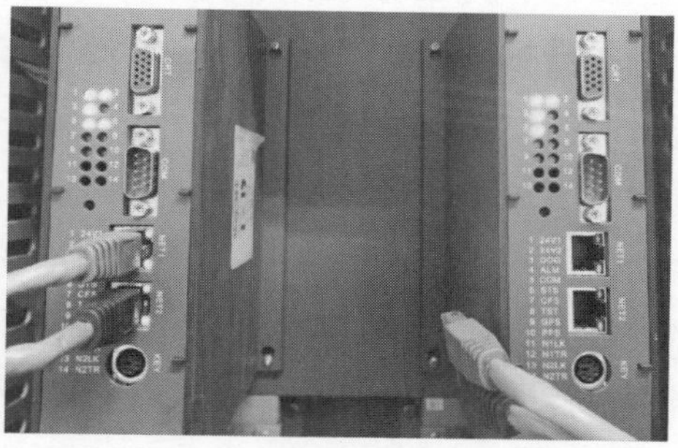 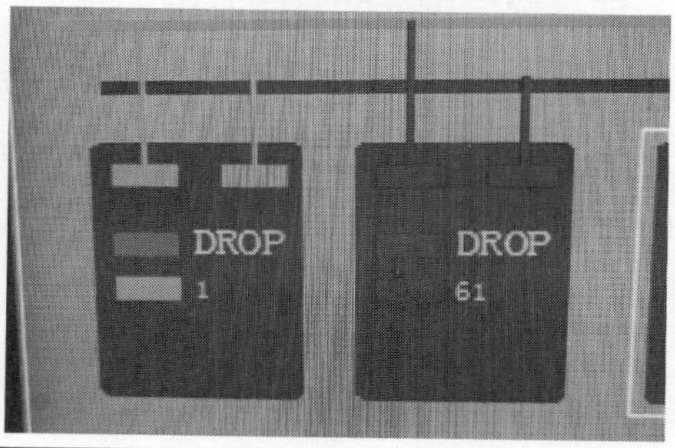

第七节　DCS 系统故障判断处理

一、MMI 站失灵或死机处理

MMI 站失灵或死机究其原因比较多，操作不当造成运行程序破坏或丢失、主机硬盘、卡件故障或计算机冷却风扇异常工作及计算机软件运行故障等都可能造成操作员站死机，此外造成计算机死机的相当部分原因是人员的不正确操作，如同时打开多个进程，或同时对同一操作端进行频繁的过快点击操作，不给计算机响应时间，从而导致计算机的资源占用冲突，网络通信拥挤造成机器不正常工作。对于操作员死机，一般方法都要重新启动计算机，运行工程文件，登录用户。

二、过程通道故障

过程通道出现故障主要表现在I/O卡件故障。卡件故障一般通过系统诊断，更换通道或通过更换备用件处理。至于卡件内部元件老化或是其他原因造成的损坏，一般维护人员不好判断，I/O卡件的维修一般是由厂家处理。目前I/O卡件制造形成一体化的趋势，这样只能购买备件。一次元件或控制设备出现故障有时不能直接被操作员发现，只有异常或报警后才通知维护人员处理，这样对检修人员和运行人员的素质要求就要提高，运行人员要详细介绍故障前后的状态便于热控检修人员能够快速、准确地处理缺陷，减少故障的扩大化。目前大多数卡件都支持带电插拔，作为控制人员，设备运行中更换I/O卡件时一定要做好安全防护措施否则会引起系统设备控制状态的变化或负荷大的波动变化。

三、干扰造成的故障

干扰会影响模拟量的信号正确显示，严重的会影响系统参数的准确调整，进而影响脱硫系统的安全性与经济性。分析干扰产生因素很多，主要是因为系统屏蔽和接地解决不好所致，DCS要求单点接地，一般对进入DCS信号电缆的屏蔽层都采取在DCS机柜侧单侧接地，再并联接入到DCS专用接地电缆上，满足系统接地要求。大功率电气设备的启动和停止都会干扰DCS的控制信号，造成不必要的故障。为了防止干扰信号串入系统，一定要严格执行屏蔽和接地要求和方式，信号线远离干扰源。

四、软、硬件的及时升级

每种DCS在实际应用中，总会出现各种问题，厂家也在不断完善老系统和开发新系统。随着软、硬件的发展，也在不断改进其技术性能。为了解决使用中系统的存在问题，旧规格或版本的硬件备品被淘汰等诸多因素促使用户必须定期对硬、软件进行部分或全部升级，通常可以利用机组检修机会开展升级工作。

第三章 烟气排放连续监测系统

第一节 烟气排放连续监测系统简介

烟气排放连续监测系统（continuous emission monitoring system，CEMS），是指对大气污染源排放的气态污染物和烟气参数进行浓度和排放总量连续监测并将信息实时传输到主管部门的装置，被称为“烟气自动监控系统”，亦称“烟气排放连续监测系统”或“烟气在线监测系统”。

CEMS 主要由气态污染物监测子系统、颗粒物监测子系统、烟气参数监测子系统和数据采集处理与通信子系统组成。

（1）气态污染物监测子系统主要用于监测气态污染物 SO_2、NO_x 的浓度和排放总量。

（2）颗粒物监测子系统主要用来监测烟尘的浓度和排放总量。

（3）烟气参数监测子系统主要用来测量烟气流速、烟气温度、烟气压力、烟气含氧量、烟气湿度等，用于排放总量的计算和相关浓度的折算。数据采集处理与通信子系统由数据采集器和计算机系统构成，实时采集各项参数，生成各浓度值对应的干基、湿基及折算浓度，生成日、月、年的累积排放量，完成丢失数据的补偿并将报表实时传输到主管部门。

CEMS 系统结构主要包括样品采集和传输装置、预处理设备、分析仪器、数据采集和传输设备以及其他辅助设备等，CEMS 组成示意图如图 3-1 所示。

第二节 烟气排放连续监测系统的分类及组成

一、CEMS 的分类

烟气 CEMS 按测量方式分可分为稀释抽取法、直接抽取法和直接测量法三类。常用气态污染物取样技术分类如图 3-2 所示。

1. 稀释抽取法

稀释抽取法是采用专用的探头采样，并用干燥、清洁的氮气或压缩空气对烟气进行稀释，稀释后的烟气经过不断加热的传输管线输送到分析机柜，经过除尘等处理后进入分析仪器分析检测。稀释抽取法的工作方式通常为取样、反吹、校准三种。稀释法流程图如图 3-3 所示。

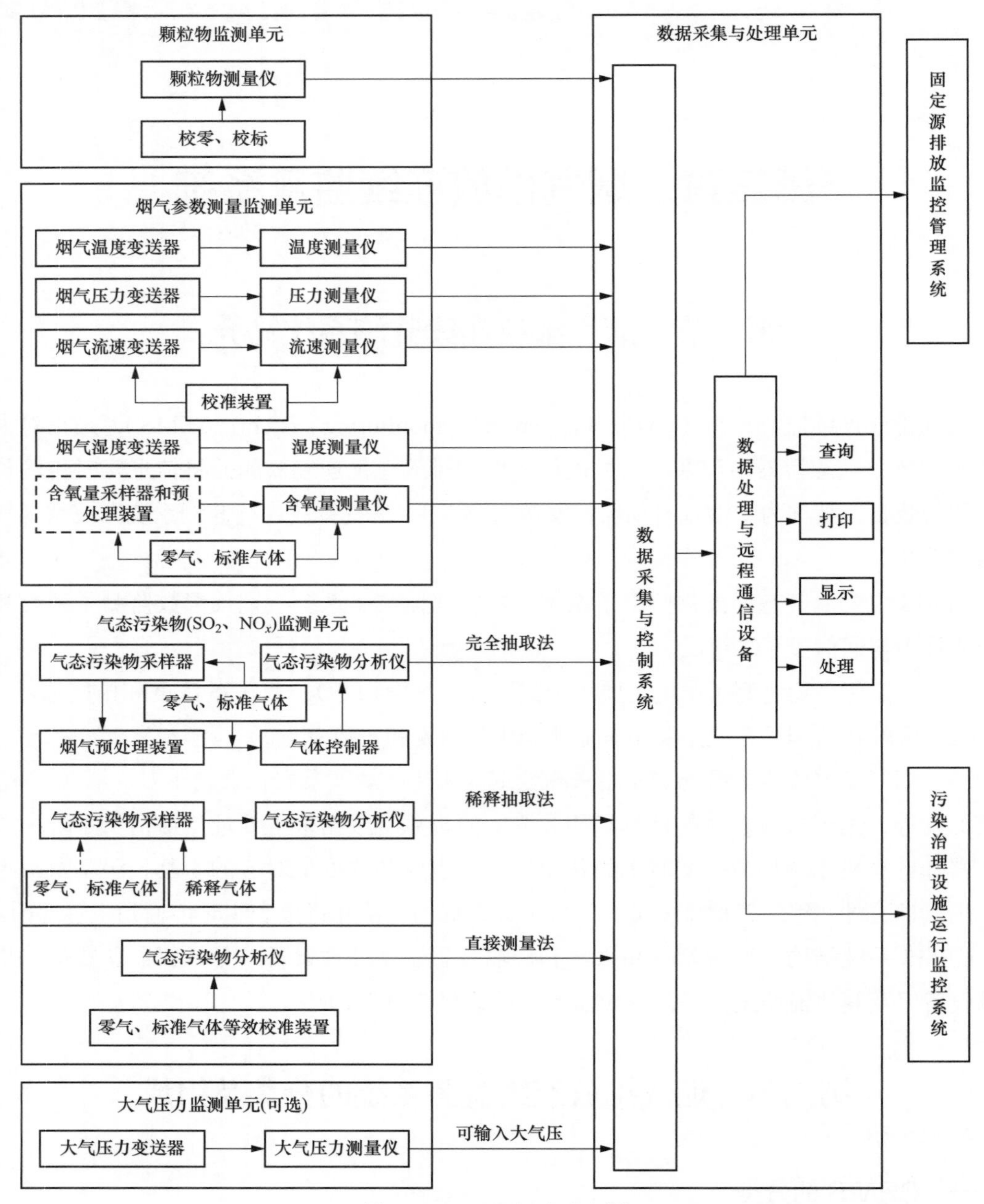

图 3-1　CEMS 组成示意图

（1）稀释抽取法的主要优点：

1）探头校准。

2）取样量小，过滤介质负担小；管路可以随性走向。

3）采用探头外稀释技术，彻底消除冷凝水影响。

4）无须跟踪加热采样管线。

5）样品气传输快，维护工作量小，消耗品用量少。

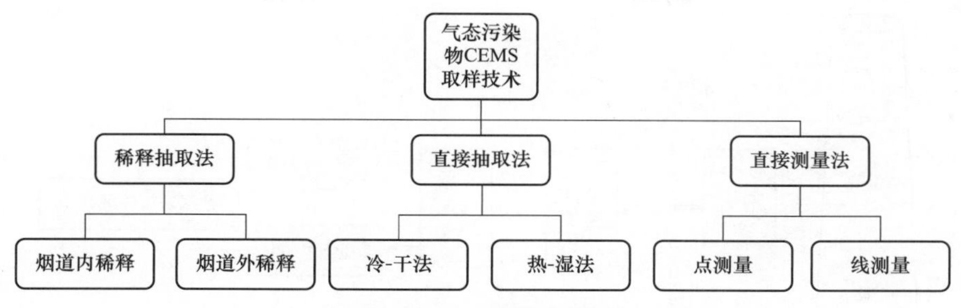

图 3-2 常用气态污染物取样技术分类

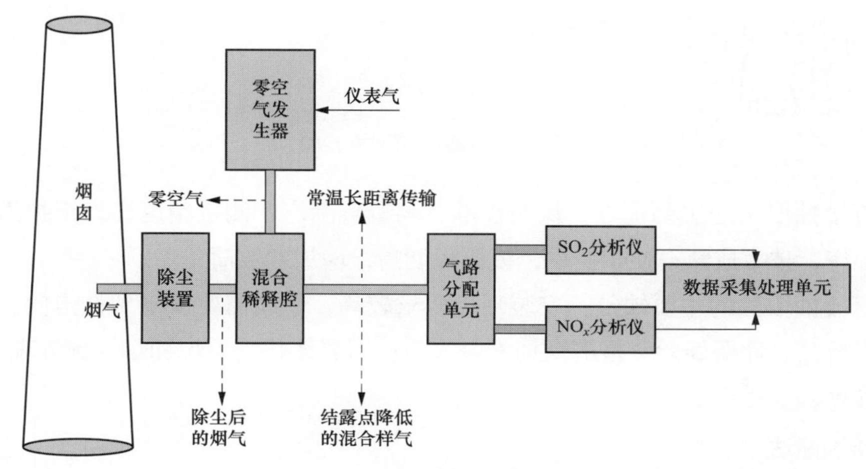

图 3-3 稀释抽取法

（2）稀释抽取法的主要缺点：

1）不适合低浓度测量。

2）稀释气质量要求较高，探头稀释比例要经常校准。

3）湿基测量。

目前电厂均已完成超低排放改造，烟气出口污染物浓度较低，不满足稀释抽取法的要求。

2. 直接抽取法

直接抽取法（直接抽取法流程图如图 3-4 所示）采用专用的加热采样探头，将烟气从烟道中抽取出来，烟气经过伴热传输及必要的预处理后进入分析仪，完成分析检测。直接抽取法目前是国内运用最广泛的，占市场总份额的 70%。

直接抽取法又可分为冷 – 干直接抽取和热 – 湿直接抽取，石灰石 – 石膏湿法脱硫安装的基本为冷 – 干直接抽取法。

冷 – 干抽取法测出的烟气浓度为干基，以北京雪迪龙科技股份有限公司生产的 SCS-900 型设备为代表；热 – 湿抽取法测出的烟气浓度为湿基，以聚光科技（杭州）股份有限公司生产的 CEMS-2000 型设备为代表。

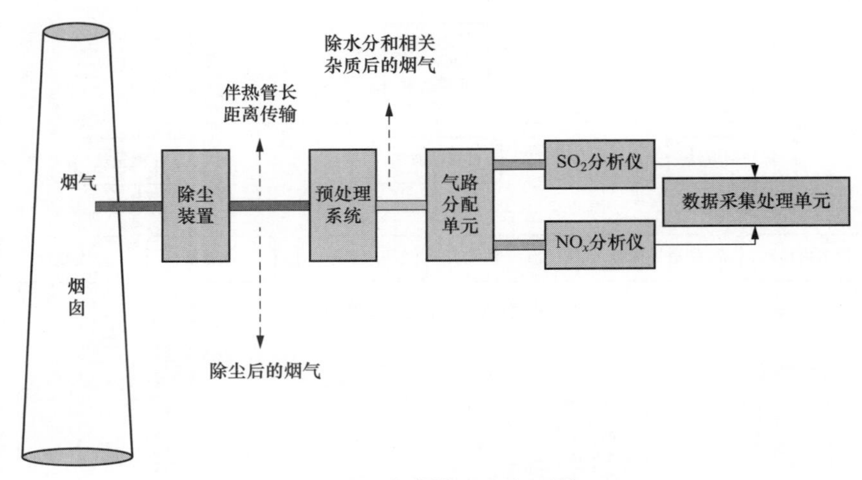

图 3-4　直接抽取法流程图

（1）直接抽取法的主要优点：探头校准、测量范围广，测量精度高，维护简单，长期运行稳定性好，技术成熟；便于扩展，模块程度高，增加参数简单。

（2）直接抽取法的主要缺点：安装环境要求较高，管线需要从高到低走向；对安装人员素质要求较高，需要经验丰富的现场安装人员；需要伴热，系统和烟气预处理系统复杂，要求密封性好。

3. 直接测量法

分析仪直接安装在烟道上，测量光直接穿过烟道中的被测量烟气，不改变烟气的组成并在颗粒物存在或过滤除去颗粒物的条件下直接测量气体浓度的方法。

（1）点测量：测量路径不超过烟道内径的 10%，适合高浓度气体测量。

（2）线测量：测量路径超过烟道内径的 10%，适合低浓度气体测量。

（3）直接测量法的优缺点。

1）主要优点：直接测量，不需要管路传输，安装方便。

2）主要缺点：校准不方便、不易维护，容易腐蚀、堵塞；由于温度振动的影响，探头需要风幕保护；不适合安装在振动的现场；湿度较大的环境测量影响较大。目前脱硫 CEMS 种使用此采样技术的设备较少。

二、CEMS 系统的相关组成设备

1. 样品采集和传输装置

CEMS 样品采集和传输装置包括取样探头、探头吹扫箱、吹扫气罐、取样探杆等，样品采集装置组成示意图如图 3-5 所示。

样品采集和传输装置主要是将烟气从烟道中抽取，经过过滤加热后将样气送至预处理系统。

（1）取样探头：取样探头由探头滤芯和取样探杆组成。探头滤芯一般为钛合金材质，

图 3-5　样品采集装置组成示意图

过滤精度 3～5 μm，主要作用是过滤烟气中的粉尘，防止烟气携带粉尘进入系统堵塞管路及其他装置；取样探杆一般长度为 1.5～2 m，主要作用是延长取样深度，保证取样的烟气为烟道中部位置的均匀混合烟气。

（2）探头吹扫箱：探头吹扫箱主要包括接线端子排、探头加热器、压缩空气罐、吹扫切换电磁阀。探头加热器主要给取样探头加热，防止取样的烟气冷凝；压缩空气罐主要是储存探头吹扫所用的压缩空气；吹扫切换电磁阀用于探头吹扫时隔绝取样气路，保证吹扫时空气和灰尘不进入取样管路造成数据波动和堵塞。

（3）稀释法 CEMS 稀释探头：稀释气由分析小间内的零气系统送到采样探头处，文丘里模块产生负压，使得在采样腔室内产生负压；烟气从探杆吸入，进入到采样腔室，经过滤芯，再经过限流小孔后与稀释气混合，送到分析仪进行分析。稀释探头结构如图 3-6 所示。

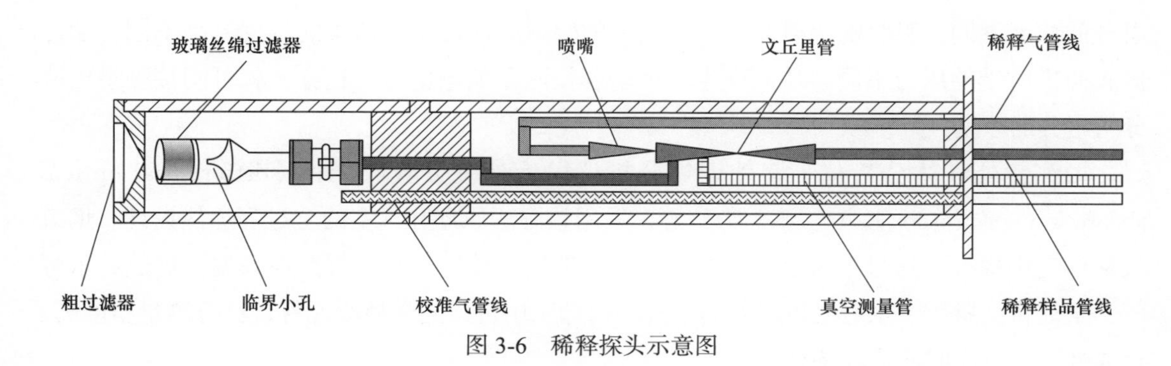

图 3-6　稀释探头示意图

（4）音速小孔：音速小孔是稀释式 CEMS 的重要元件，音速临界小孔采用耐热玻璃和陶瓷材质，小孔前端有石英过滤棉过滤，并经过陶瓷孔板到达小孔，音速小孔示意图如图 3-7 所示。小孔的长度远远小于孔径，当小孔两端的压力差大于 0.46 倍以上时，气体流

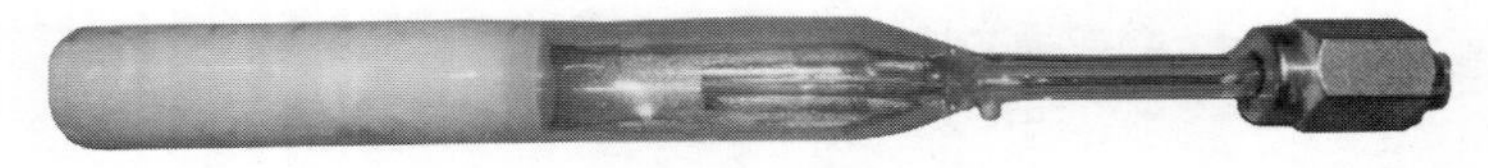

图 3-7　音速小孔示意图

经小孔的速度与小孔两端的压力变化基本无关，而是取决于气体分子流经小孔时的振动速度，产生恒流。

2. 样品预处理设备

样品预处理设备主要包括除湿装置、伴热管线、排水装置、细过滤装置。

（1）伴热管线采用电伴热形式，中间样气管采用聚四氟乙烯耐腐蚀软管。采样管内温度控制在 140～160 ℃，使得烟气中水含量以蒸气状态存在，防止水结露与 SO_2 生成酸，并有报警装置，报警温度可以设置，一般不小于 120 ℃。

（2）除湿装置：现有主流除湿装置有冷凝除湿和渗透除湿两种方式。冷凝除湿是通过压缩机制冷，将烟气温度降至 4 ℃左右，使烟气中的水汽冷凝然后经过蠕动泵挤压将水排出；渗透除湿是使用渗透干燥管进行除湿，渗透干燥管中含有磺酸基，磺酸基是一种亲水物资，用磺酸基做的管式膜在烟气经过时会吸附烟气中的水分，水分被吸附以后通过压缩空气排出。

细过滤装置主要包含保护过滤器和阻水过滤器。保护过滤器为白色聚四氟乙烯材质，主要过滤烟气中的盐和油；阻水过滤器过滤孔径为 0.2 μm，主要过滤烟气中剩余的水分，防止水进入分析仪损坏分析仪。

3. 气体分析仪器

气体分析仪器用于对采集的污染源烟气样品进行测量分析。现用主要的气体分析仪分为紫外和红外分析仪。

（1）红外气体分析仪：红外线气体分析仪是利用红外线进行气体分析。它基于待分析组分的浓度不同，吸收的辐射能不同，剩下的辐射能使得检测器里的温度升高不同，动片薄膜两边所受的压力不同，从而产生一个电容检测器的电信号。这样，就可间接测量出待分析组分的浓度。

（2）紫外气体分析仪：紫外烟气分析仪以紫外差分吸收光谱（differential optical absorption spectroscopy，DOAS）为核心，采用热湿法原理和气室的全过程加热设计。烟道气从烟道中提取，通过多级过滤，并进入光学监测气体室。整个气路在高温下加热，水蒸气完全汽化，避免了水对气体吸附的干扰。内部采用进口光学核心元件，具有测量精度高、可靠性高、响应时间快等特点。

紫外差分吸收光谱法是利用待测物质在紫外波段的窄带特征吸收光谱，经过一定的计算处理，得到待测气体的浓度。DOAS 技术以其廉价、简单的设备和出色的监测能力，在大气监测领域得到了广泛的应用。紫外差分吸收光谱法对于测量大气平流层中的活性气体

OH、NO_3和HONO非常有效，与传统的光学监测方法相比，DOAS技术可以同时监测各种气体成分。

4. 数据采集和传输设备

（1）数据采集设备：CEMS系统数据采集设备一般为工控机电脑，电脑应具备显示、设置系统时间和时间标签功能。CEMS系统数据采集设备具有中文数据采集、记录、处理和控制软件，能够显示实时数据，具备查询历史数据的功能，并能以报告或报表形式输出。

数据采集设备要求：

1）至少每5 s采集一组系统测量的实时数据。实时数据主要包括：颗粒物测量一次物理量、气态污染物体积实测质量浓度、烟气含氧量、烟气流速、烟气温度、烟气静压、烟气湿度等。

2）至少每1 min记录存储一组系统测量的分钟数据，数据为该时段的平均值。分钟数据主要包括：颗粒物一次物理量和质量浓度、气态污染物体积/质量浓度、烟气含氧量、烟气流速和流量、烟气温度、烟气静压、烟气湿度及大气压值；若测量结果有湿/干基不同转换数值，则应同时显示记录该测量值湿基和干基的测量数据。

3）小时数据应包含本小时内至少45 min的分钟有效数据，数据为该时段的平均值。小时数据主要包括：颗粒物质量浓度（折算浓度）、颗粒物排放量、气态污染物质量浓度（折算浓度）、气态污染物排放量、烟气含氧量、烟气流量、烟气温度、烟气静压、烟气湿度和生产负荷等。小时数据记录表即为日报表。

4）日数据应包含本日至少2 h的小时有效数据，数据为该时段的平均值。日数据主要包括：颗粒物质量浓度和排放量、气态污染物质量浓度和排放量、烟气含氧量、烟气流量、烟气温度、烟气静压、烟气湿度和生产负荷等。日数据记录表即为月报表。

5）月数据应包含本月至少25天（其中2月至少23天）的日有效数据，数据均为该时段的平均值。月数据主要包括：颗粒物排放量、气态污染物排放量、烟气含氧量、烟气流量、烟气温度、烟气静压、烟气湿度和生产负荷等。月数据记录表即为年报表。

（2）数据传输设备：数据采集传输仪是采集、存储各种类型监测仪器仪表的数据、并能完成与上位机数据传输功能的数据终端单元，具备单独的数据处理功能。数据采集仪将CEMS测得的数据通过数据网络发送至环保监测平台，同时数据采集仪也具有接收、存储数据的作用。

5. 烟气流量测量装置

烟气流量目前普遍使用的有皮托管流量计、矩阵式流量计和热质流量计，在脱硫系统中以皮托管流量计和矩阵式流量计居多。

（1）皮托管流量计。皮托管，又名“空速管”“风速管”。皮托管是测量气流总压和静压以确定气流速度的一种管状装置，皮托管示意图如图3-8所示。严格地说，皮托管仅测

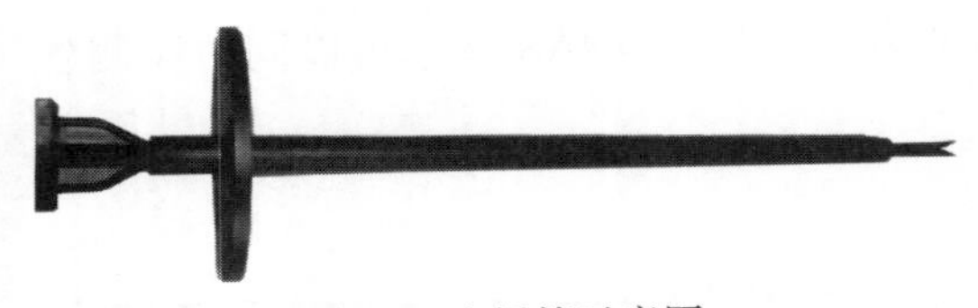

图 3-8　皮托管示意图

量气流总压，又名总压管；同时测量总压、静压的才称风速管，但习惯上多把风速管称作皮托管。

（2）矩阵式流量计（见图 3-9）。矩阵式流量计主要由检测管、差压变送器（变送器示意图如图 3-10 所示）以及相互之间的连接接头气管等部件构成。矩阵式流量计的原理是基于差压测量原理，测量装置安装在烟道内，其探头插入烟道，当烟道内有烟气流动时，迎风面受气流冲击，在此处气流的动能转换成压力能，因而迎风面管内压力较高，其压力称为“全压”。背风侧由于不受气流冲压，其管道内的压力为管道内的静压力，其压力称为“静压”。全压和静压之差为差压，其大小与管道内的风速有关，风速越大，差压越大；风速小，差压也越小。差压变送器将测得的差压传输给 DCS，在 DCS 上通过公式计算得出风速及风量。

图 3-9　矩阵式流量计示意图

图 3-10　变送器示意图

检测管的安装质量对矩阵式流量计的测量准确性有很大影响。在选择安装位置时应远离风机、阀门、弯头等易造成气流波动的元件，以保证测量点处过流断面速度分部规律、均匀。

6. 颗粒物测量装置

颗粒物测量装置用于烟气颗粒物测量的仪器有激光粉尘仪和抽取式粉尘仪等。

（1）激光粉尘仪。激光后闪射粉尘仪主要由激光发射电路板，激光接收电路板，信号输出板、主处理器板等组成，采用激光后向散射测试原理完成对被测烟道的烟（粉）尘浓度的测定。激光后闪射粉尘仪内嵌的高稳定激光信号源穿越烟道，照射烟（粉）尘粒子，被照射的烟（粉）尘粒子将反射激光信号，反射的信号强度与烟（粉）尘浓度成正变化。激光后闪射粉尘仪检测烟（粉）尘反射的微弱激光信号，通过特定的算法即可计算出烟道烟（粉）尘的浓度。激光粉尘仪安装示意图如图 3-11 所示。

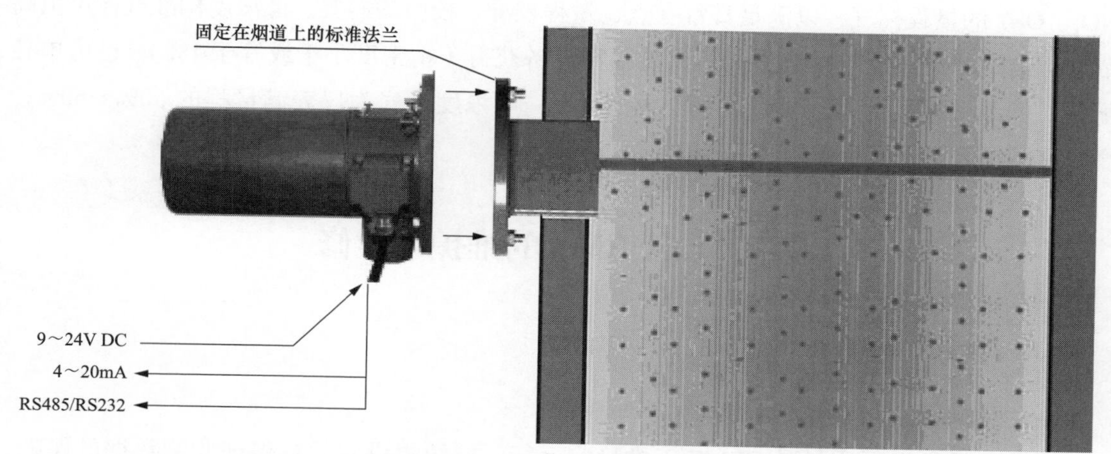

图 3-11 激光粉尘仪安装示意图

（2）抽取式粉尘仪。

1）粉尘仪的组成：抽取式粉尘仪由含电路配线端子排的控制单元、机架、带保护壳的探头、风机等设备组成。

2）测量原理：激光前闪射粉尘测量仪是高灵敏度的连续性、抽取式粉尘浓度测量仪器。激光前闪射粉尘测量仪从排放的废气中抽取一定量的气体，经过持续加热以及洁净预热的空气稀释后，在测量室内通过光散射原理测量粉尘浓度。其产生的测量信号强弱取决于废气中的粉尘浓度。

控制单元中集成的微处理器将信号强弱按比例转化成 4～20 mA 输出。同时，当前的测量值会显示在控制单元的显示屏上，通过键盘按钮可以输入或调节各个内部参数。

7. 湿度仪

常见的水分测量方法有冷凝法、干湿球法、称重法、露点法和电子式传感器法。电子式水分传感器产品及水分测量属于 20 世纪 90 年代兴起的湿度测量技术，近年来，国内外在水分传感器研发领域取得了长足进步，气体水分的测量目前的发展方向主要是利用电容式电子测量技术，但应用于高温烟气的测量，需要克服烟气高温、灰尘、酸性物质对高分子薄膜电容的磨损和腐蚀问题。

烟气湿度仪的测量原理是依据烟气排气中含湿量的变化与阻容法的电阻和电容值的变化间的函数关系直接测量烟气排水中的含水量即烟气湿度。

8. 标气配备

监测站房内应配备不同浓度的有证标准气体，且在有效期内。标准气体应当包含零气（即含二氧化硫、氮氧化物浓度均小于或等于 0.1 μmol/mol 的标准气体，一般为高纯氮气，纯度大于或等于 99.99%；当测量烟气中二氧化碳时，零气中二氧化碳小于或等于 400 μmol/ml，含有其他气体的浓度不得干扰仪器的读数）和 CEMS 测量的各种气体（SO_2、NO_x、O_2）的量程标气，以满足日常零点、量程校准、校验的需要。低浓度标准气体可由高浓度标准气体通过经校准合格的等比例稀释设备获得（精密度小于或等于 1%），也可单独配备。低浓度标气为仪表满量程的 20%～30%；中浓度标气为仪表满量程的 50%～60%；高浓度标气为仪表满量程的 80%～100%。

第三节　CEMS 的维护与检修

一、CEMS 的维护

1. 一般要求

CEMS 日常运行质量是 CEMS 正常稳定运行、持续提供有质量保证监测数据的保障。当 CEMS 不能满足技术指标而失控时，应及时采取纠正措施，并应缩短下一次校准、维护和校验的间隔时间。

2. 定期巡检

CEMS 运行过程中的定期巡检是保证 CEMS 正常稳定运行中的一项重要工作，巡检记录表格参照表 3-1 执行。

（1）直接抽取式 CEMS 的巡检内容及标准：

1）检查采样探头防腐设施完善，无漏水现象；检查采样管伴热系统运行正常；管线伴热温度不小于 140 ℃；记录巡检时伴热温度表显示值。

2）检查采样流量在 1.2～1.5 L/min；若发现采样流量低于 1.2～1.5 L/min，必须进行原因分析，找出流量降低的原因并消除。

3）检查采样泵工作正常，倾听泵运行无异音。

4）检查冷凝器工作正常，显示冷凝器温度不大于 5 ℃；蠕动泵工作正常，排水量正常；如发现排水量明显增加或减少，则必须进行原因分析，找出原因并消除。

5）检查采样系统过滤器滤芯无严重变色，未达到失效的水平；否则，立即进行更换，检查上次更换时间。若距离上次更换时间明显短于正常更换的周期，则必须进行原因分析，找出原因并消除。

6）检查压缩空气压力大于 0.5 MPa，管路无泄漏，排空压缩空气过滤器；观察一次系统吹扫过程，吹扫过程中压缩空气压力不小于 0.5 MPa；吹扫完成，仪表恢复正常显示值的时间不大于 300 s。

7）检查各仪表无报警，核对仪表显示与采集系统、DCS 系统显示应一致。

8）检查各种浓度标气应齐全，未超过有效期，剩余压力不小于 1 MPa。

（2）烟尘监测系统的巡检内容及标准：

1）检查防雨设施完整，无漏水污染。

2）检查鼓风机运行正常，风机运行无异响，风管无破损，排空空气过滤器。

3）核对仪表显示与采集系统、DCS 系统显示应一致。

（3）直接抽取式 CEMS 的流速监测系统的巡检内容及标准：

1）检查防雨设施完整，无漏水污染。

2）核对仪表显示与采集系统、DCS 系统显示应一致。

（4）其他烟气监测系统的巡检内容及标准：

1）检查温度计、湿度计、氧量计防雨设施完整，无漏水污染。

2）核对仪表显示与采集系统、DCS 系统显示应一致。

（5）数据采集传输信号的巡检内容及标准：

1）每周与环保部门联系统一次，了解上传数据完整情况。

2）每周检查一次数据传输卡的费用余额情况，及时完成续费，保证费用充足。

3）核对模拟变量数据与数采仪及上位机、DCS 显示是否一致。

（6）其他监测设备的巡检内容及标准：

1）烟气分析小间内温度在 20～30 ℃范围内，湿度不大于 60%，检查烟气分析小间内有无存留的有毒气体。

2）门窗密封良好。

3）每周对分析系统进行一次除尘清洁；检查机柜内有无被冷凝液污染，检查上位机及显示器有无尘埃。对系统供电电源电压要进行测验，是否满足系统用电要求。

（7）稀释法 CEMS 的巡检内容及标准：

1）检查稀释气压力、流量及取样探头真空度是否正常，正常运行时取样探头真空度应大于 44 kPa。

2）检查取样管线各连接处是否正常，探头过滤器是否损坏，过滤器及管线透明、干净、无结露。

3）零器净化器干净、无尘、无油渍。

4）检查采样探头加热器是否正常工作，探头加热正常，各接线端子无松动。

5）检查储气罐是否完好，进气压力是否满足要求，储气罐压力是否在 0.6 MPa 以上。

6）检查油水过滤器是否漏气，是否有水有油，应保持过滤器干净。

7）检查取样流量是否正常，稀释气是否正常，取样管线有无漏气现象。

CEMS 日常巡检记录见表 3-1。

表 3-1

CEMS 日常巡检记录表

企业名称： 巡检日期： 年 月 日

气态污染物 CEMS 生产商：	气态污染物 CEMS 规格型号：
颗粒物 CEMS 生产商：	颗粒物 CEMS 规格型号：
安装地点：	维护单位：

运行维护内容及处理说明

项目	内容	维护情况	备注
维护预备	查询日志[a]		
	检查耗材[a]		
辅助设备检查	站房卫生[a]		
	站房门窗的密封性检查[a]		
	供电系统（稳压、UPS 等）[a]		
	室内温湿度[a]		
	空调[a]		
	空气压缩机压力[a]		
	压缩机排水[a]		
气态污染物监测设备检查	采样管路取样性检查[c]		
	清洗采样探头、过滤装置，采样泵[c]		
	探头、管路加热温度检查[a]		
	采样系统流量[a]		
	反吹过滤装置、阀门检查[a]		
	手动反吹检查[a]		
	采样泵流量[a]		
	制冷器温度[a]		
	排水系统、管路冷凝水检查[a]		
	空气过滤器[a]		
	标气有效期、钢瓶压力检查[a]		
	烟气分析仪状态检查[a]		
	烟气分析仪校准[b]		
	测量数据检查[a]		
	全系统校准[d]		
	系统校验[e]		

续表

项目	内容	维护情况	备注
颗粒物监测设备检查	鼓风机、空气过滤器检查[c]		
	分析仪的光路检查、清洗[c]		
	监测数据检查[a]		
	校准[c]		
流速监测系统检查	探头检查[d]		
	反吹装置[c]		
	测量传感器[c]		
	流速、流量、烟道压力测量数据[a]		
其他烟气监测参数	氧含量监测数据[a]		
	温度测量数据[a]		
	湿度测量数据[a]		
数据传输装置	通信专线连接[a]		
	传输设备电源[a]		
巡检人员签字			
异常情况处理记录			

注 正常请打“√”，不正常请打“×”，并及时处理并做相应记录；未检查则不用标识。

[a] 每 7 d 至少进行一次维护。

[b] 每 15 d 至少进行一次维护。

[c] 每 30 d 至少进行一次维护。

[d] 每 90 d 至少进行一次维护。

[e] 每 90 d（无自动校准功能）或每 180 d（有自动校准功能）至少进行一次维护。

3. 定期校准

在 CEMS 的运行过程中，应对 CEMS 进行定期校准，并做好校验记录。定期校准周期及内容记录表格参照可见表 3-2。

（1）具有自动校准功能的颗粒物 CEMS 和气态污染物 CEMS 每 24 h 至少自动校准一次仪器零点和量程，同时测试并记录零点漂移和量程漂移。

（2）无自动校准功能的颗粒物 CEMS 每 15 天至少校准一次仪器的零点和量程，同时测试并记录零点漂移和量程漂移。

（3）无自动校准功能的直接测量法气态污染物 CEMS 每 15 天至少校准一次仪器的零点和量程，同时测试并记录零点漂移和量程漂移。

（4）无自动校准功能的抽取式气态污染物 CEMS 每 7 天至少校准一次仪器零点和量程，同时测试并记录零点漂移和量程漂移。

表 3-2　　CEMS 零点 / 量程漂移与校准记录表

企业名称：　　　　　　　　安装地点：

气态污染物 CEMS 设备生产商		气态污染物 CEMS 设备规格型号		校准日期	
颗粒物 CEMS 设备生产商		颗粒物 CEMS 设备规格型号		校准开始时间	
安装地点		维护管理单位			

SO_2 分析仪校准

分析仪原理			分析仪量程		计量单位	
零点漂移校准	零气浓度值	上次校准后测试值	校前测试值	零点漂移（%）	仪器是否正常	校准后测试值
量程漂移校准	标气浓度值	上次校准后测试值	校前测试值	零点漂移（%）	仪器是否正常	校准后测试值

NO_x 分析仪校准

分析仪原理			分析仪量程		计量单位	
零点漂移校准	零气浓度值	上次校准后测试值	校前测试值	零点漂移（%）	仪器是否正常	校准后测试值
量程漂移校准	标气浓度值	上次校准后测试值	校前测试值	零点漂移（%）	仪器是否正常	校准后测试值

O_2 分析仪校准

分析仪原理			分析仪量程		计量单位	
零点漂移校准	零气浓度值	上次校准后测试值	校前测试值	零点漂移（%）	仪器是否正常	校准后测试值
量程漂移校准	标气浓度值	上次校准后测试值	校前测试值	零点漂移（%）	仪器是否正常	校准后测试值

颗粒物测量仪校准

分析仪原理			分析仪量程		计量单位	
零点漂移校准	零气浓度值	上次校准后测试值	校前测试值	零点漂移（%）	仪器是否正常	校准后测试值
量程漂移校准	标气浓度值	上次校准后测试值	校前测试值	零点漂移（%）	仪器是否正常	校准后测试值

（5）抽取式气态污染物 CEMS 每 3 个月至少进行一次全系统的校准，要求零气和标准气体从监测站房发出，经采样探头末端与样品气体通过的路径（应包括采样管路、过滤器、洗涤器、调节器、分析仪表等）一致，进行零点和量程漂移、示值误差和系统响应时间的检测。

（6）具有自动校准功能的流速 CMS 每 24 h 至少进行一次零点校准；无自动校准功能的流速 CMS 每 30 天至少进行一次零点校准。

4. 定期维护

CEMS 运行过程中，应按照以下要求做好 CEMS 定期维护工作：

（1）污染源停运到开始生产前应及时到现场清洁光学镜面。

（2）定期清洗隔离烟气与光学探头的玻璃视窗，检查仪器光路的准直情况；定期对清吹空气保护装置进行维护，检查空气压缩机或鼓风机、软管、过滤器等部件。

（3）定期检查气态污染物 CEMS 的过滤器、采样探头和管路的结灰和冷凝水情况、气体冷却部件、转换器、泵膜老化状态。

（4）定期检查流速探头的积灰和腐蚀情况、反吹泵和管路的工作状态。

5. 定期校验

CEMS 投入使用后，因燃料、除尘效率的变化，烟气水分的影响、安装点的振动等都会对测量结果的准确性产生影响。为此，需要定期对 CEMS 校验。

（1）有自动校准功能的测试单元每 6 个月至少做一次校验；没有自动校准功能的测试单元每 3 个月至少做一次校验。

（2）校验结果应符合：颗粒物测量误差不超过 ±2%、气态污染物测量误差不超过 ±2.5%、流速测量误差不超过 ±3%；不符合时，则应扩展为对颗粒物 CEMS 的相关系数的校正或 / 和评估气态污染物 CEMS 的准确度或 / 和流速 CMS 的速度场系数（或相关性）的校正，CEMS 准确度验收技术要求详见表 3-3。

表 3-3　　CEMS 准确度验收技术要求

检测项目			技术要求
气态污染物 CEMS	二氧化硫	准确度	排放浓度大于或等于 250 μmol/mol（715 mg/m^3）时，相对准确度小于或等于 15%
			排放浓度：50 μmol/mol（143 mg/m^3）～250 μmol/mol（715 mg/m^3）时，绝对误差不超过 ±20 μmol/mol（57 mg/m^3）
			排放浓度：20 μmol/mol（57 mg/m^3）～50 μmol/mol（143 mg/m^3）时，相对误差不超过 ±30%
			排放浓度小于 20 μmol/mol（57 mg/m^3）时，绝对误差不超过 ±6 μmol/mol（17 mg/m^3）

续表

检测项目			技术要求
气态污染物 CEMS	氮氧化物	准确度	排放浓度大于或等于 250 μmol/mol（513 mg/m^3）时，相对准确度小于或等于 15%
			排放浓度：50 μmol/mol（103 mg/m^3）～250 μmol/mol（503 mg/m^3）时，绝对误差不超过 ±20 μmol/mol（41 mg/m^3）
			排放浓度：20 μmol/mol（41 mg/m^3）～50 μmol/mol（103 mg/m^3）时，相对误差不超过 ±30%
			排放浓度小于 0 μmol/mol（41 mg/m^3）时，绝对误差不超过 ±6 μmol/mol（12 mg/m^3）
	其他气态污染物	准确度	相对准确度小于或等于 15%
烟气 CMS	O_2	准确度	大于 5.0% 时，相对准确度小于或等于 15%
			小于或等于 5.0% 时，绝对误差不超过 ±1.0%
颗粒物 CEMS	颗粒物	准确度	排放浓度大于 200 mg/m^3 时，相对误差不超过 ±15%
			排放浓度：100～200 mg/m^3，相对误差不超过 ±20%
			排放浓度：50～100 mg/m^3，相对误差不超过 ±25%
			排放浓度：20～50 mg/m^3，相对误差不超过 ±30%
			排放浓度：10～20 mg/m^3，绝对误差不超过 ±6 mg/m^3
			排放浓度小于或等于 10 mg/m^3，绝对误差不超过 ±5 mg/m
流速 CMS	流速	准确度	流速大于 10 m/s 时，相对误差不超过 ±10%
			流速小于或等于 10 m/s，相对误差不超过 ±12%
温度 CMS	温度	准确度	绝对误差不超过 ±3 ℃
湿度 CMS	湿度	准确度	烟气湿度大于 5% 时，相对误差不超过 ±25%
			烟气湿度小于或等于 5%，相对误差不超过 ±1.5%

6. CEMS 典型原因分析及故障处理

（1）直接抽取法 CEMS 典型原因分析及故障处理。在直接抽取法 CEMS 发生故障时，可参考表 3-4 进行故障原因分析和处理。

表 3-4　　直接抽取法 CEMS 故障原因及处理方法

故障现象	可能的原因	处理方法
1. 气体分析部分		
1.1 机柜部分		
测量值不正确：SO_2、NO 数值偏低或 O_2 数值偏高	气路漏气，可能的漏气点	
	蠕动泵泵管损坏	更换泵管
	蠕动泵安装不正确	正确安装

续表

故障现象	可能的原因	处理方法
测量值不正确：SO_2、NO 数值偏低或 O_2 数值偏高	校准阀门在校准气通的位置	转换到校准气断位置
	取样探头滤芯密封圈损坏	更换密封圈
	取样探头外反吹接口漏气	重新密封
	SV2 球阀内部漏气	更换
	SV1 球阀密封不严	紧固螺钉，仍然漏气则需更换
	抽气泵膜片损坏	更换膜片
	负压管路部分接头松动或损坏	检查，紧固或更换接头
样气流量低	抽气泵故障；气路堵塞或正压部分漏气：首先将制冷器一级缸出口管接头拆开，如果流量仍然很小，可以判断为正压部分漏气或堵塞；如果抽气负压偏小，再将抽气泵出口管拆下，此时现象如仍未改变，则抽气泵故障	
	抽气泵膜片损坏	更换膜片
	抽气泵损坏	更换泵
	抽气泵进气口膜片损坏	更换进气口膜片
	冷凝报警接头腐蚀断裂	更换
	接头松动或损坏	检查，紧固或更换接头
	气路堵塞，可能的部位	
	·探头滤芯	清理或更换
	·制冷器缸体	清理
	·排气管路	清理
	·冷凝报警弯头	清理，严重腐蚀时更换
	·流量计针阀堵，流量计管壁、浮子脏	清理，严重腐蚀时更换
表计显示数值与 DCS 不对应	模拟输出参数量程设置与 DCS 不同	修改模拟输出参数设置，或修改 DCS 的量程
	模拟输出通道故障或分析仪输出线路中间有断线地方	进入硬件测试菜单，检查模拟输出是否正常，如果是有偏差，可以使用模拟输出校准菜单校准输出电流值；如果是输出通道损坏，则需要更换到另一通道输出或返厂修理；如输出线路问题，则应更换线路
	信号接混，或信号的 +/– 方向反了	检查并修改
1.2 探头部分故障		
不能加热	探头加热丝损坏或内部短路	用万用表检查判断短路或断路情况。更换伴热带等
滤芯堵塞	长期未进行维护	清理或更换滤芯
探杆部分堵塞	烟气灰尘含量高，反吹效果不好	疏通

续表

故障现象	可能的原因	处理方法
空气开关跳闸	探头内部加热线路短路； 空气开关损坏	用万用表检查，必要时更换加热元件； 更换空气开关
漏气	滤芯密封圈损坏；安装不正确； 取样管接头松动； 外反吹管接头处密封不好	更换O形圈，正确安装； 检查并紧固接头； 重新密封
1.3 压缩机冷凝器故障		
不制冷	压缩机故障	返回公司修复；或通过当地的电冰箱维修部修理
	制冷剂泄漏	
温度显示低于0 ℃	温度控制故障	
冷凝缸体堵塞	冷凝效果差，温度不能达到设计值	清理疏通
接头断裂	接头老化，受到外力冲击	更换
2. 测尘仪常见故障		
测量数值很高	镜头有水汽或灰尘污染	清理镜头
	法兰管中有灰尘阻挡光路	清理
	镜头输出漂移	校准器重新校准
测尘仪显示数值与DCS不符	二者量程不符	修改
	模拟输出故障	返厂修理
3. 皮托管流速仪故障		
测量数值不正确	零点设置不对	重新标定零点
	安装方向错误	沿着烟气流向正确安装
	测量位置烟气不是稳流状态	更换测点位置
	测量管口被灰尘堵塞	清理
	反吹电磁阀故障	更换电磁阀
	量程设置太小，超出测量范围	修改量程
	变送器故障	更换变送器

（2）稀释法CEMS典型原因分析及故障处理。在稀释法CEMS发生故障时，可参考表3-5进行故障原因分析和处理。

表3-5　　　　稀释法CEMS故障原因及处理方法

序号	故障现象	可能原因	判断和解决方法
1	稀释比例比出厂时小很多	稀释气压力过低	调整稀释气压力，使稀释气压力在0.5～0.6 MPa，使真空大于44 kPa
		临界孔座漏气	检查临界孔座气密性
		过滤器漏气	检查过滤器法兰气密性

续表

序号	故障现象	可能原因	判断和解决方法
1	稀释比例比出厂时小很多	真空监测管路漏气	检查真空监测管路，若有漏气或老化，更换真空监测管
		标气管漏气	更换标气管
2	稀释比例比出厂时大很多	零气压力过高	调整零气压力，使零气压力在0.2～0.25 MPa
		惯性过滤器发生堵塞	清理惯性过滤器
		烧结过滤器发生堵塞	清洗烧结过滤器
3	真空监测压力的数值小于44 kPa	稀释气压力不够	调整稀释气压力
		临界孔座漏气	检查临界孔座
		真空监测管或其接头漏气	检查真空监测管及其接头部分，如有损坏，更换真空监测管
4	增大稀释气压力和流量，真空度下降	稀释气气管路有漏气	消除稀释气气管路泄漏
5	污染物的浓度值明显偏小或接近外界环境指标	稀释采样器温度低于100 ℃，容易造成过滤器堵塞	（1）检查伴热带电源是否供电、伴热带是否损坏。 （2）检测稀释采样器温度是否在100～130 ℃，查保温效果。 （3）清洗过滤器
		惯性过滤器发生堵塞	清理惯性过滤器
		烧结过滤器发生堵塞	清洗烧结过滤器
6	样气中有水	零气的露点温度太高	检修零气系统，使其露点满足要求
		使用地区环境温度太低	选择更大的稀释比，或进一步降低零气露点，或使用伴热线
7	使用标气校准时浓度明显偏低	标气管漏气	更换标气管
		标气压力太小	增大标气压力

当CEMS发生故障时，系统管理维护人员应及时处理并记录。维修处理过程中，要注意以下几点：

1）CEMS需要停用、拆除或者更换的，应当事先报经主管部门批准。

2）运行单位发现故障或接到故障通知，应在4 h内赶到现场进行处理。

3）对于一些容易诊断的故障，如电磁阀控制失灵、膜裂损、气路堵塞、数据采集仪死机等，可携带工具或者备件到现场进行针对性维修，此类故障维修时间不应超过8 h。

4）仪器经过维修后，在正常使用和运行之前应确保维修内容全部完成，性能通过检测程序，按本标准对仪器进行校准检查。若监测仪器进行了更换，在正常使用和运行之前应对系统进行重新调试和验收。

5）若数据存储 / 控制仪发生故障，应在 12 h 内修复或更换，并保证已采集的数据不丢失。

6）监测设备因故障不能正常采集、传输数据时，应及时向主管部门报告。

二、CEMS 的检修

CEMS 的检修应采用状态检修和定期检修相结合的方式进行。根据 CEMS 各设备的运行情况，准备好备品备件和检修工器具，按照工艺要求进行检修。

1. 修前准备

（1）CEMS 在检修过程中需要停电、退出运行或者影响环保数据实时监测的，应事先报经地方生态环境保护行政部门批准。

（2）办理 CEMS 系统检修工作票。

（3）清点所有工具、测量仪器仪表和专用工具齐全，检查合适，试验可靠。

（4）准备好检修用的材料和备件。

（5）开工前召开专题会，对各检修参加人员进行组内分工，并且进行安全、技术交底。

（6）检修前设备状况检查，包括控制柜及就地设备的检查。

2. 设备检修工艺及质量标准

（1）流速测点检修。

1）检修项目。

a. 检查皮托管流速计外壳和套管。

b. 检查设备铭牌、外壳螺栓和防雨罩。

c. 紧固压缩空气管路接头。

d. 紧固压力变送器接线端子。

e. 检查变送器信号输出。

2）检修工艺及质量标准。流速测点检修工艺及质量标准见表 3-6。

表 3-6 流速测点检修工艺及质量标准

项目	检修项目	检修工艺及质量标准
外观检查	（1）检查皮托管流速计外壳。 （2）检查皮托管流速计外壳螺栓和防雨罩。 （3）检查皮托管流速计连接气路	（1）使用毛刷、抹布等清理工具对皮托管外壳进行清理。皮托管外壳完好，无腐蚀、穿孔情况，皮托管防腐镀层完好无脱落。若轻微腐蚀，使用破布毛刷清理表面污垢；若腐蚀严重，保护套管损坏，则更换新的皮托管。 （2）皮托管外壳螺栓齐全，螺栓紧固无松动，防雨罩完好无锈蚀。 （3）用压缩空气对皮托管流速计气路进行吹扫，气路各接头紧固无漏气，气管无腐蚀老化情况，密封效果良好

续表

项目	检修项目	检修工艺及质量标准
压力变送器检查	（1）紧固压力变送器接线端子。 （2）检查压力变送器信号输出	（1）用螺丝刀紧固压力变送器接线端子至变送器端子接线紧固无松动。 （2）检查压力变送器零点及量程，用手操器对其进行量程检查；变送器输出信号正确，线性良好
矩阵式流量计检修	（1）检查烟道内部测量管路。 （2）紧固差压变送器接线端子。 （3）检查差压变送器信号输出	（1）用吹风机、毛刷等对烟道内部测量管路，测量管路表面无腐蚀，管路内部无堵塞，防堵装置正常。 （2）用螺丝刀紧固压力变送器接线端子至变送器端子接线紧固无松动。 （3）检查压力变送器零点及量程，用手操器对其进行量程检查。变送器输出信号正确，线性良好

（2）粉尘仪检修。

1）检修项目。

a. 粉尘仪外壳清理。

b. 防雨罩螺钉紧固、吹风系统检查。

c. 粉尘仪镜头擦拭。

d. 压缩空气气路检查紧固。

e. 抽取式粉尘仪探杆检查。

f. 抽取式粉尘仪气室清理。

g. 抽取式粉尘仪风机滤网清理。

h. 粉尘仪零点及满量程校准。

2）检修工艺及质量标准。粉尘仪检修工艺及质量标准见表 3-7。

表 3-7　　粉尘仪检修工艺及质量标准

设备名称	检修项目	检修工艺及质量标准
激光粉尘仪	（1）粉尘仪外壳清理。 （2）防雨罩检查紧固。 （3）吹风系统检查	使用抹布、毛刷清理单反粉尘仪外壳，紧固防雨罩螺钉，检查吹风机系统正常工作
	（1）粉尘仪镜面清理。 （2）固定法兰垫片检查	（1）拆下粉尘仪四角的蝴蝶螺栓，检查粉尘仪镜头，使用酒精棉布轻轻擦拭，保证镜面干净无油污。 （2）检查固定法兰和粉尘仪之间的薄膜法兰片无破损无腐蚀
	（1）紧固气管接头 （2）清理过滤器	（1）紧固气管接头使其紧密牢靠。 （2）拆下空气过滤器用清水洗净烘干后回装；若过滤器滤面损伤，需更换新的空气过滤器，回装时注意过滤器摆放位置，保证雨水不能通过过滤器进入风机和仪表内

续表

设备名称	检修项目	检修工艺及质量标准
抽取式粉尘仪	（1）粉尘仪探杆表面清理检查。 （2）粉尘仪探杆内部检查	（1）清理粉尘仪探杆表面，探杆表面应无腐蚀、磨损。 （2）检查探杆加热是否正常，温度要求达到设定值 140 ℃。 （3）检查清理粉尘仪探杆内部，探杆内部应无积灰、无杂物、无水无油渍
	粉尘仪气室清理	用毛刷将气室内部粉尘清理干净，然后用无尘布蘸上酒精擦拭粉尘仪气室内壁，清洗干净后用仪用压缩空气对气室进行吹扫，直至气室内部干净、干燥
	风机滤网清理	用螺钉刀将稀释风机滤网拆卸，用抹布和毛刷清理风扇叶片；然后用吹风机清理风机滤网，若滤网老化破损则需更换

（3）取样探头检修。

1）检修项目。

a. 抽取法探头检修。

b. 稀释法探头检修。

2）检修工艺及质量标准。取样探头检修工艺及质量标准见表 3-8。

表 3-8　　取样探头检修工艺及质量标准

设备名称	检修项目	检修工艺及质量标准
抽取法取样探头	探头滤芯检查清理	打开取样探头箱，用电动吹风机吹扫箱内灰尘；使用内六方扳手拆下取样探头，抽出探头滤芯，若颜色偏灰，吹扫滤芯并清洗烘干后回装；若颜色偏深或有明显磨损、腐蚀情况，则更换新的滤芯
	探头加热器检查	检查探头加热器，切勿用手直接触摸，戴隔热手套；检查供电及温控器工作状态，加热棒无损坏迹象，温度控制大于 160 ℃，若达不到则需更换探头旋转式温控器
	探头回装	（1）用内六角扳手将探头回装，回装时检查垫片是否完好，垫片无遗漏；注意对四条螺栓同时紧固，避免出现法兰翘边漏气。 （2）清理采样管路接头，保证无堵塞、腐蚀；紧固压缩空气管路接头无漏气现象
稀释法取样探头	探头稀释比校准	使用与烟气浓度相当或浓度略大于烟气浓度的标气（一般用 500 μg/g）进行稀释采样系统校准；通过 PLC 控制进行校准，时间一般为 3～5 min；由标气管送到稀释探头的标气通过真空发生器被稀释气稀释，稀释后的样气被送入分析仪，测得样气浓度，如果标气浓度为 C_0，样气的浓度为 C_1，则该稀释探头的稀释比为 1 ：（C_0/C_1），这一比例系数应与出厂时所给的比例系数相当，同时记录确定该稀释比时的稀释气压力值；然后把比值（C_0/C_1），输入到软件的稀释比参数中

3）取样探头校准。

a. 探头控制器按下零点校准按钮，调节流量为 2 L/min 左右，使零气输入探头；等到仪器读数稳定后，如果读数有一定误差，可以按前述步骤，调整分析仪背景值，使读数为零。

b. 首先确定校准气瓶、气瓶减压阀、管路、探头控制器已正确连接；然后关闭减压阀出口阀，打开气瓶，打开气瓶减压阀出口阀，输出标气压力在 0.1～0.2 MPa，使探头控制器上的校准气浮子流量计大约在 2 L/min；待分析仪读数稳定后，如果读数有一定误差，可以按前述步骤，调整分析仪校准系数，使读数正确。

（4）CEMS 机柜检修。

1）检修项目。

a. 机柜检查清理。

b. 机柜绝缘电阻测试。

2）检修工艺及质量标准。CEMS 机柜检修工艺及质量标准见表 3-9。

表 3-9 CEMS 机柜检修工艺及质量标准

设备名称	检修项目	检修工艺及质量标准
CEMS 机柜检修	（1）机柜内部积灰清理。 （2）接线端子排检查紧固	（1）使用电动吹风机吹扫机柜内部灰尘，并用潮湿的抹布擦拭；检查机柜内接线图正确完整。 （2）检查机柜内各接线端子排。接线端子排无松动，接线牢固，线缆标识清晰无缺失，对缺失的电缆标识进行补充，保证其正确完整
	机柜绝缘电阻测试	切断机柜电源总开关，在 10～35 ℃，相对湿度小于或等于 85% 的条件下，使用万用表测量机柜电源引入线与机壳之间的绝缘电阻不小于 20 MΩ
	（1）风机滤网检查清理。 （2）机柜内槽盒检查	（1）更换机柜风扇滤网，保证风扇无积灰无结垢。 （2）检查机柜内电缆槽盒盖板是否齐全完好，对损坏的盖板进行修复或更换

（5）预处理装置检修。

1）检修项目。

a. 气路检查。

b. 过滤器更换。

c. 制冷器检修。

d. 蠕动泵检修。

2）检修工艺及质量标准。预处理装置检修工艺及质量标准见表 3-10。

表 3-10　　预处理装置检修工艺及质量标准

设备名称	检修项目	检修工艺及质量标准
预处理装置	（1）气路检查。 （2）抽气泵检查	（1）检查气路有无堵塞漏气现象，紧固各连接接头。 （2）检查抽气泵电源接线无裸露，抽气泵膜片完好，无腐蚀无破损，抽气泵运行时无异音；处理不足或有异音时更换抽气泵
	检查各过滤器	检查保护过滤器、阻水过滤器滤芯，正常情况下保护过滤器滤芯为白色，不允许变色或附有颗粒物，若变色更换滤芯；阻水过滤器内部应无变色，无油污及水迹，若变色及堵塞应更换
	制冷器检修	（1）检查制冷器是否正常工作，压缩机工作正常，制冷器能控制温度在设定温度，一般控制在 4 ℃左右；压缩机风扇无异音，用压缩空气对压缩机风扇进行吹扫，保证风扇干净无积灰。 （2）拿出制冷器内玻璃冷腔，冷腔内部气路应无杂质、无异物。玻璃冷腔表面完好，无裂纹
	蠕动泵检修	（1）检查蠕动泵，观察排水是否正常，冷凝器是否有水排出，检查蠕动泵管弹性是否良好，蠕动泵管要求弹性良好，无破裂；不正常需更换蠕动泵管。 （2）检查蠕动泵凸轮是否正常旋转，凸轮是否磨损，不能密封严实。不正常需更换蠕动泵。 （3）检查蠕动泵管各接头连接情况，各连接头应连接牢固，无漏气现象

（6）分析仪检查。

1）检查项目。

a. 分析仪检查。

b. 分析仪校准。

2）检修工艺及质量标准。分析仪检修工艺及质量标准表 3-11。

表 3-11　　分析仪检修工艺及质量标准

设备名称	检修项目	检修工艺及质量标准
分析仪	分析仪检查	（1）用螺丝刀拆开分仪表盖板，检查分析仪内部气路有无堵塞，检查分析仪内部安全过滤器有无变色，按照更换周期及过滤器使用情况进行更换；检查分析仪表，采样流量应满足 1.0～1.5 L/min，不满足则需要检查取样管路，确认不堵塞不漏气。 （2）分析仪外观完好，工作状态指示灯正常。 （3）检查 DAS 系统，数据显示正常，报表记录正常，状态量显示正常，若发生异常，及时联系厂家处理。 （4）检查核对工控机、DCS、数据采集仪上面的数据是否对应一致；检查分析仪自动标定时间和手动标定时间
	分析仪校准	（1）分析仪通入 N_2 检查零点是否为 0，通入氧气标气，观察 O_2 测量值是否正常，若偏差大于 ±4，更换氧电池。 （2）通入洁净的空气或 N_2 进行零点标定，零点漂移不超过 ±3 mg/m^3。 （3）给分析仪通入高、中、低标气，检查分析仪测量数值与标气参数一致（偏差不得超过标气量程 ±5%）

（7）数采仪检修。

1）检修项目。

a. 数据采集仪工作状态检查。

b. 数据采集仪数据传输功能检查。

c. 数据采集仪接线端子紧固。

2）检修工艺及质量标准。数据采集仪检修工艺及质量标准见表 3-12。

表 3-12 数据采集仪检修工艺及质量标准

设备名称	检修项目	检修工艺及质量标准
数据采集仪	数据采集仪工作状态检查	检查数据采集仪工作状态，在线数据与上位机对应一致，历史数据能正常查阅
	数据采集仪数据传输功能检查	检查 MCU 工作状态，液晶屏正常显示，有线传输功能正常；检查 DTU 模块工作状态，电源、无线信号指示灯正常显示，检查 SIM 卡内余额是否充足
	数据采集仪接线端子紧固	检查数据采集仪各接线端子完好无破损，紧固接线端子；紧固数据采集仪与工控机连接电缆，保证电缆连接牢固

（8）CEMS 小室标准化及监测状态检查。

1）检查项目。

a. CEMS 小室空调检查。

b. CEMS 小室密封及防火封堵情况检查。

2）检查工艺及质量标准。CEMS 小室检修工艺及质量标准见表 3-13。

表 3-13 CEMS 小室检修工艺及质量标准

项目	检修项目	检修工艺及质量标准
CEMS 小室检查	空调检查	将空调内机滤网拆开进行清理，保证滤网干净无堵塞，用毛刷或压缩空气对空调外机滤网进行吹扫、清理；保证制冷制热状态良好，温度 20～24 ℃，湿度小于 70%
	CEMS 小室密封及防火封堵检查	（1）CEMS 小间内部卫生清理，小间内物品摆放整齐，地面干净无杂物、无积水。 （2）检查 CEMS 小间电缆桥架穿墙孔洞封堵完好，无缝隙。 （3）CEMS 小间整体密封良好，无漏风、漏水情况

第四章 热工测量仪表

燃煤电厂石灰石－石膏湿法脱硫装置中，热工测量仪表主要有压力、温度、流量、液位、pH 值、密度等组成。FGD 烟气脱硫装置主要测点示意图如图 4-1 所示。

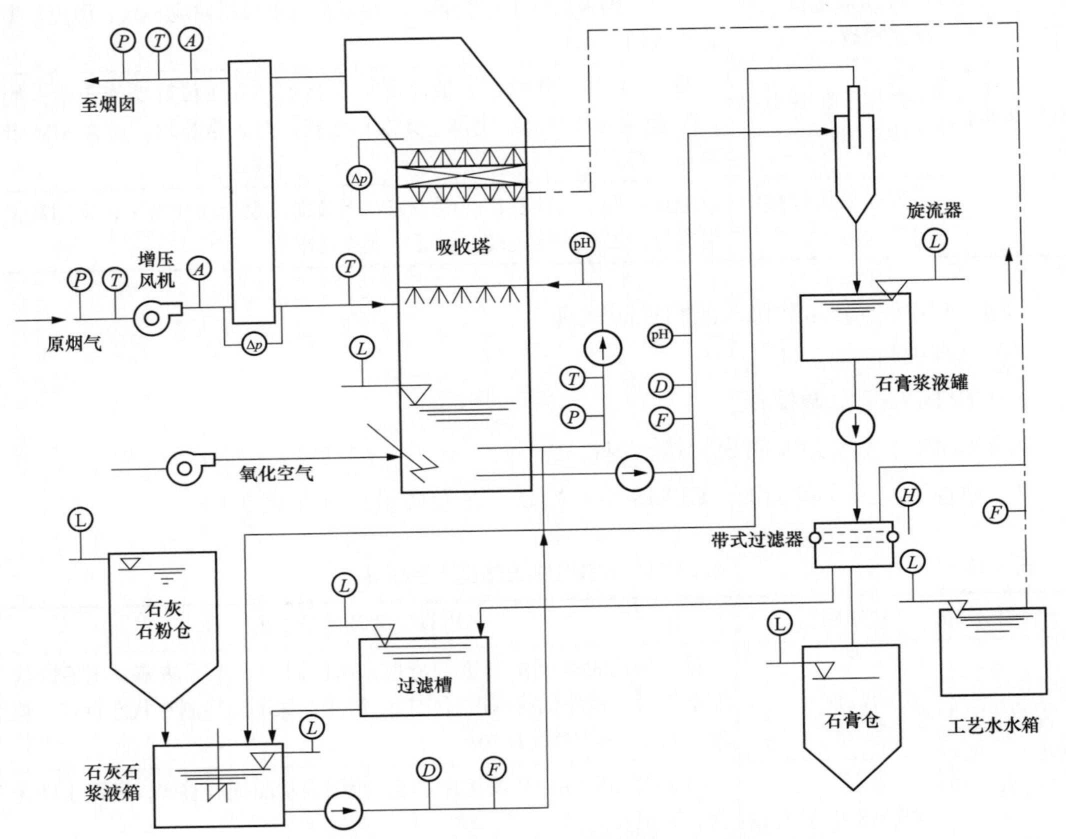

图 4-1 FGD 烟气脱硫装置主要测点示意图

p—压力；Δp—差压；T—温度；pH—pH 计；D—密度计；F—流量计；L—液位；

H—石膏滤饼厚度；A—烟气成分（O_2，SO_2，CO，NO_x，粉尘）

在石灰石－石膏湿法脱硫系统中，由于浆液对测量仪表存在腐蚀、磨蚀、悬浮固体的沉积、结垢等影响，所以在脱硫装置仪表选型、安装、使用时应最大限度地考虑其可用性、可靠性和可控性。本章节着重介绍主要测量仪表的原理、选型、安装、使用、维护等内容。

第一节 温度测量仪表

在石灰石－石膏湿法脱硫装置中，各种工质和设备及其部件温度总是在变化的，对其进行监控尤其重要。其中烟气温度、循环泵轴承温度、电机线圈温度等都是重要的温度测点，对于保证脱硫生产过程安全稳定运行具有极其重要的意义。

一、双金属温度计

双金属温度计是一种用于中低温测量的现场检测仪表，可以直接测量 –20～500 ℃范围内液体、蒸汽和气体温度。在石灰石－石膏湿法脱硫装置中，常用于设备温度就地显示，如罗茨氧化风机轴承箱温度的测量等。

1. 测量原理

双金属温度计属于固体膨胀式温度计，基于固体受热膨胀原理，测量温度通常是把两片膨胀系数差异相对很大的金属片叠焊在一起，构成双金属感温元件。当温度变化时，因双金属片的两种不同材料的线膨胀系数差异相对很大而产生不同的膨胀和收缩，导致双金属片产生弯曲变形；根据不同的变形的量而产生不同的转动量，转动的量带动连接的转轴，转轴带动另一端的指示针，这样指示指针就可以指在正确的读数上，指示出了温度。双金属温度计原理如图 4-2 所示。

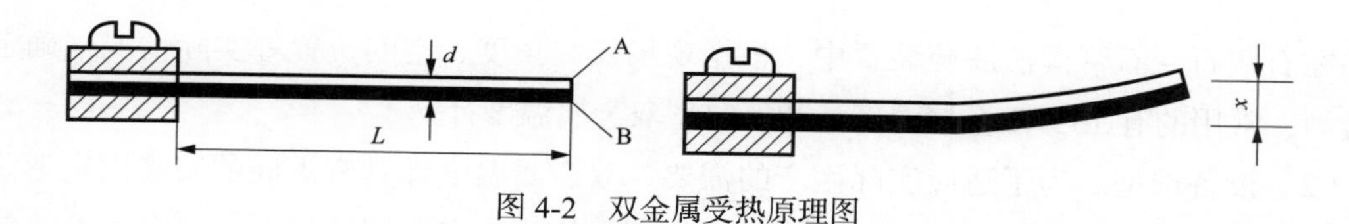

图 4-2　双金属受热原理图

2. 分类及选型

（1）设备分类。通常按照指针表盘与保护管的连接管方向将双金属温度计分成轴向型双金属温度计、径向型双金属温度计、135° 双金属温度计、万向型双金属温度计和带铂电阻双金属温度计五种。

1）轴向型双金属温度计的指针表盘与保护管垂直连接。轴向型双金属温度计如图 4-3 所示。

2）径向型双金属温度计的指针表盘与保护管平行连接。径向型双金属温度计如图 4-4 所示。

3）135° 双金属温度计的指针表盘与保护管连接角度成 135° 。135° 向双金属温度计如图 4-5 所示。

4）万向型双金属温度计的指针表盘与保护管连接角度可任意调整，万向型双金属温度计如图 4-6 所示。

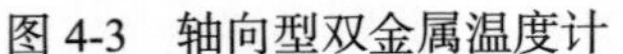

图 4-3　轴向型双金属温度计

图 4-4　径向型双金属温度计

图 4-5　135° 向双金属温度计

5）带铂电阻双金属温度计通常用在既需要在现场显示温度又需要将测温信号送到控制室的使用场合，带铂电阻双金属温度计如图 4-7 所示。

图 4-6　万向型双金属温度计

图 4-7　带铂电阻双金属温度计

在石灰石－石膏湿法脱硫装置中，根据现场安装角度、空间位置等实际情况来确定使用类型，常用的有 135° 双金属温度计和万向型双金属温度计。

（2）设备选型。为了适应实际生产的需要，双金属温度计具有不同的安装固定形式：可动外螺纹管接头、可动内螺纹管接头、固定螺纹接头、卡套螺纹接头、卡套法兰接头和固定法兰。双金属温度计选型具体见表 4-1。

表 4-1　　双金属温度计选型

列号	WSS				双金属温度计型式
表盘公称直径		3			ϕ60
		4			ϕ100
		5			ϕ150
表盘形式			0		轴向（直型）
			1		径向（角型）
			2		135° 向（钝角型）
			8		万向（可调角型）

续表

列号	WSS			双金属温度计型式
安装固定形式		0		无固定装置
		1		可动外螺纹
		2		可动内螺纹
		3		固定螺纹
		4		固定法兰
		5		卡套螺纹
		6		卡套法兰
保护形式			—	普通型
			W	防护型
			F	防腐型

（3）设备安装。双金属温度计的安装可以有垂直于管道的安装方式、弯曲管道的安装方式和法兰安装方式，双金属温度计安装方法如图 4-8 所示。在脱硫装置中，双金属温度计一般垂直安装于罗茨氧化风机本体上，测量风机轴承箱温度。

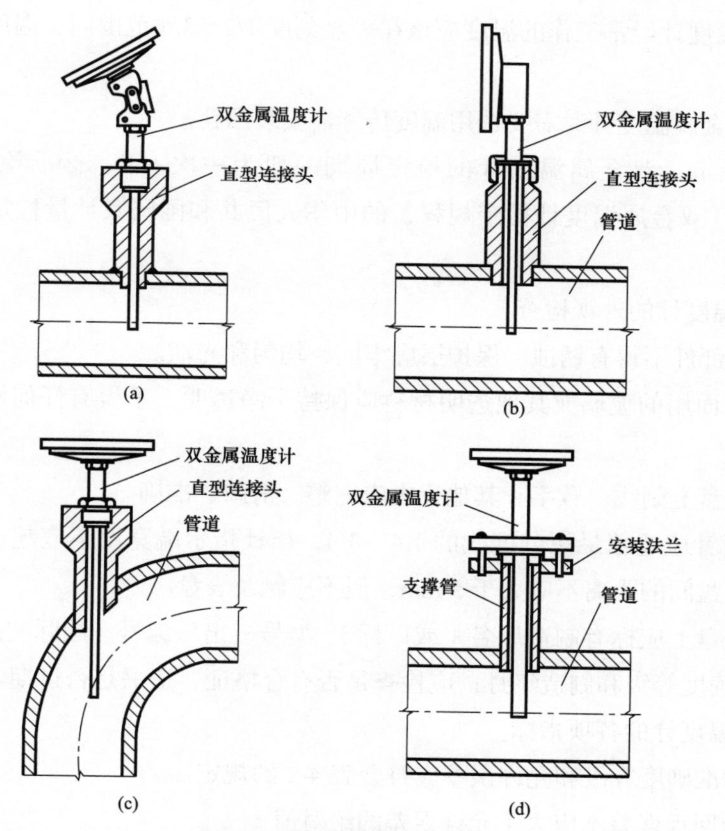

图 4-8　双金属温度计安装方法

（a）垂直弯道安装方法；（b）垂直弯道安装方法；（c）弯曲弯道安装方法；（d）法兰安装方法

（4）双金属温度计日常使用与维护。

1）WSS 系列双金属温度计在保管、安装、运输和使用过程中，应尽量避免碰撞温度计保护管，切勿使双金属温度计保护管弯曲和变形；安装时严禁扭动仪表外壳。

2）双金属温度计应在 –30～80 ℃环境温度中工作。

3）双金属温度计保护管浸入被测介质中的长度应该大于感温元件的长度（一般插入深度 100 mm；0～50 ℃量程的插入深度大于 150 mm），以保证温度测量准确性。

4）各种类型双金属温度计不适合测量敞开容器内的介质温度；带电触点双金属温度计不宜在振动较大场合使用，振动会影响电触点动作可靠性，从而影响到与温度计关联的控制系统控制可靠性。

5）双金属温度计应定期检定，一般每隔 6～12 个月为宜。

6）从与地面垂直的位置观察测量数据，若温度计安装在设备顶部应选用轴向型双金属温度计；若温度计安装在容器侧面应选用径向型或万向型双金属温度计。

7）从与地面平行的位置观察测量数据，若温度计安装在设备顶部应选用径向型或万向型双金属温度计；若温度计安装在容器侧面应选用轴向型或万向型双金属温度计。

8）电触点双金属温度计可以输出上限和下限温度报警信号。

9）双金属温度计经常工作的温度应该在表盘刻度 1/2～3/4 范围内，温度计表盘刻度就是这样确定的。

10）安装双金属温度计时需要选用温度传感器安装凸台。

（5）设备检定。双金属温度计的检定周期一般为一次 / 年，标准检定方法应满足 JJG 226—2001《双金属温度计检定规程》的中华人民共和国国家计量检定法规中指定的要求。

1）双金属温度计的外观检查。

a. 温度计各部件不得有锈蚀，保护层应牢固、均匀和光洁。

b. 温度计表面用的玻璃或其他透明材料应保持干净透明，不得有任何妨碍准确度数的缺陷或损伤。

c. 温度计表盘上刻线、数字和其他标志应完整、清晰、准确。

d. 温度计指针应遮盖最短分度线的 1/4～3/4，指针指示端宽度不应超过最短分度线的宽度。指针与表盘间的距离不应大于 5 mm，但不应触及表盘。

e. 温度计表盘上应标有制造厂名（或厂标）、型号、出厂编号、国际实用温度摄氏度的符号“℃”、准确度等级和制造年月；应检查是否有合格证，证书是否过期。

2）双金属温度计的各项指标。

a. 温度计的准确度等级和允许误差应符合表 4-2 的规定。

b. 温度计的回程误差不应大于允许误差的绝对值。

c. 温度计的重复性不应大于与许误差绝对值的 1/2。

表 4-2 温度计的准确度等级和允许误差的对应关系

准确度等级	允许误差（%）
1.0	± 1.0
1.5	± 1.5
2.5	± 2.5

d. 温度计的上限温度在保持见表 4-3 规定的时间后，该温度计的误差仍不得超过允许误差。

表 4-3 温度计上限温度的保持时间

温度计上限所在温度范围（℃）	保持时间（h）
≤300	24
300～400	12
400～500	4

3）检定条件。

a. 检定温度计的标准器根据测量范围可分别选用二等标准水银温度计、二等标准汞基温度计、标准铜 – 康铜热电偶，也可选用铂热电阻温度计。

b. 检定用的主要设备：恒温槽、0.02 级低电动势电位差计及配套设备、冰点槽、读数放大器（5～10 倍）。

4）检定项目。温度计的检定项目，见表 4-4。

表 4-4 温度计检定项目

检定类型	1	2	3	4	5
	外观	示值检定	回程误差	重复性	上限试验
新制造	√	√	√	√	√
使用中	√	√	√	×	×
修理后	√	√	√	×	×

注 1. 表中的“√”表示必须检定，“×”表示可不检定。
2. 新制造的温度计对 4、5 两项进行抽检。

5）检定方法。

a. 温度计的浸没长度。温度计的浸没长度也可称为置入长度，应符合产品使用说明书的要求或按全浸检定，但不应大于 500 mm。

b. 外观检查。外观检查是用目力观察温度计应符合规定；使用中和修理后的温度计外观上允许有不影响使用的缺陷。

c. 示值检定。

a）温度计的检定点不得少于四点，应均匀分布在主分度线上（必须包括测量上下限）；有零点的温度计必须包括零点。

b）温度计的检定顺序应在正反两个行程上分别向上限或下限方向逐点进行，测量上、下限只进行单行程检定。

c）温度计检定时的读数方法。在读被检温度计示值时，视线应垂直于表盘；使用放大镜读数时，视线应通过放大镜中心。读数时应估计到分度值的1/10。

d. 零点检定。将温度计的测量端（温度检测元件）插入盛有冰水混合物的冰点槽中，待示值稳定后即可读数。

e. 其他各点的检定。将温度计插入恒温槽中（槽温偏离检定点温度不得超过 ±2 ℃，以标准温度计为准），在各个检定点待温度计示值稳定后进行读数；读数时，记下标准温度计和被检温度计正、反行程的示值；在读数过程中，其槽温度变化不应大于 0.1 ℃（槽温超过 300 ℃时，其槽温变化不应大于 0.5 ℃）。

f. 回程误差。在同一检定点上正反行程误差之差的绝对值即为回程误差。温度计的回程误差不应大于允许误差的绝对值，回程误差的检定在示值检定中同时进行。

g. 重复性。温度计的重复性不应大于允许误差的绝对值，回程误差的检定在示值检定中同时进行。

h. 上限试验。经过示值检定的温度计，将其温度检测元件插入恒温槽中，在对应于上限温度（波动不大于 ±20 ℃）持续所规定的时间后，取出冷却到室温，再做第二次示值检定，计算各点的误差应符合规定。

二、热电阻温度计

热电阻温度计是中温、低温区最常用的一种温度检测器，是基于金属导体的电阻值随温度的增加而增加这一特性来进行温度测量的。热电阻温度计的主要特点是测量精度高，性能稳定，其中铂热电阻的测量精确度是最高的，广泛应用于工业测温。

1. 测量原理

热电阻温度计的测温原理是基于导体或半导体的电阻值随温度变化而变化这一特性来测量温度及与温度有关的参数。热电阻温度计大都由纯金属材料制成，应用最多的是铂和铜，已开始采用镍、锰和铑等材料制造热电阻。热电阻温度计通常需要把电阻信号通过引线传递到计算机控制装置或者其他二次仪表上。

2. 分类

（1）普通型热电阻。被测温度的变化是直接通过热电阻阻值的变化来测量的，因此，热电阻体的引出线等各种导线电阻的变化会给温度测量带来影响，为消除引线电阻的影响一般采用三线制或四线制。

（2）铠装热电阻。铠装热电阻是由感温元件（电阻体）、引线、绝缘材料、不锈钢套管组合而成的坚实体，外径一般为 2～8 mm。与普通型热电阻相比，铠装热电阻有下列优点：①体积小，内部无空气隙，热惯性上，测量滞后小；②机械性能好、耐振，抗冲击；③能弯曲，便于安装；④使用寿命长。铠装热电阻一般用于泵体、电机轴承温度、烟道温度测量。

（3）端面热电阻。端面热电阻感温元件由特殊处理的电阻丝制成，紧贴在温度计端面。端面热电阻与一般轴向热电阻相比，能更正确和快速地反映被测端面的实际温度，适用于测量轴瓦和机件的端面温度。端面热电阻一般用于电机定子线圈温度测量。

（4）隔爆型热电阻。隔爆型热电阻通过特殊结构的接线盒，把其外壳内部爆炸性混合气体因受到火花或电弧等影响而发生的爆炸局限在接线盒内，生产现场不会引起爆炸。隔爆型热电阻可用于 Bla～B3c 级区内具有爆炸危险场所的温度测量。

3. 设备安装

对于热电阻的安装，应做到有利于测温准确，安全可靠及维修方便，而且不影响设备运行和生产操作。安装过程中应注意以下几个方面：

（1）温度取源部件的安装位置应选在介质温度变化灵敏和具有代表性的地方，不宜选在阀门等阻力部件的附近和介质流束呈死角处以及振动较大的地方。

（2）热电阻取源部件的安装位置，宜远离强磁场。

（3）温度取源部件在工艺管道上的安装应符合下列规定：

1）与工艺管道垂直安装时，取源部件轴线应与工艺管道轴线垂直相交。热电阻垂直安装示意图如图 4-9 所示。

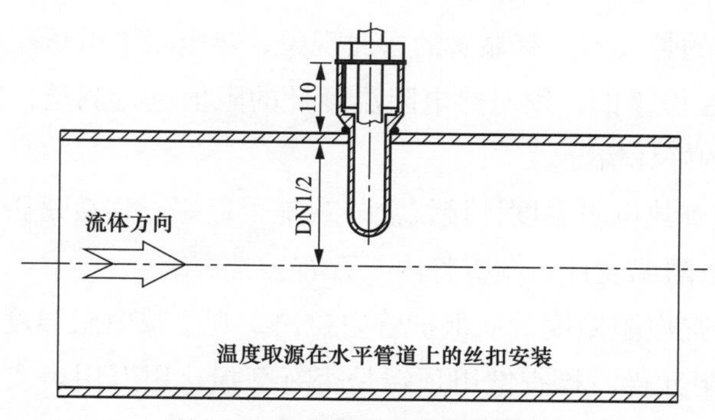

图 4-9 热电阻垂直安装示意图

2）与工艺管道倾斜安装时，应与介质流向相反，取源部件轴线应与工艺管道轴线相交，热电阻倾斜安装示意图如图 4-10 所示。

（4）在多粉尘工艺管道上安装的测温元件，应采取防止磨损的保护措施。

（5）热电阻安装在易受被测介质强烈冲击的地方；当水平安装时热电阻插入深度大于 1 m 或被测温度大于 700 ℃时，应采取防弯曲措施。

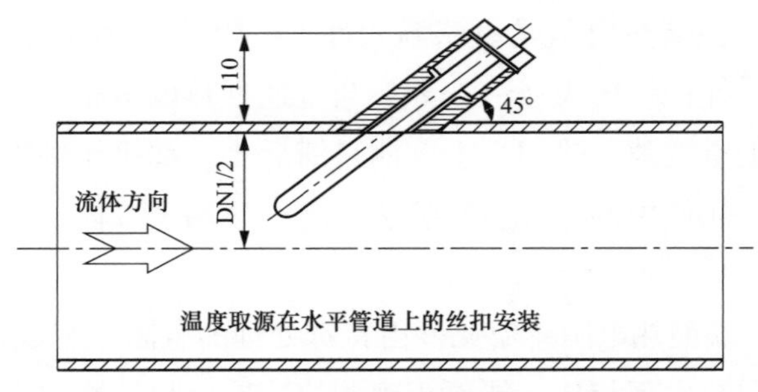

图 4-10　热电阻倾斜安装示意图

（6）表面温度计的感温面应与被测表面紧密接触，固定牢固。

（7）在肘管上安装温度计，安装时必须使温度计轴线与肘管直管段的中心线重合。

（8）使用热电阻测温时，应防止干扰信号的引入，同时应使接线盒的出线孔向下方，以防止水汽、灰尘等进入而影响测量。

（9）若工艺管道过小，安装测温组件处可接装扩大管。

4. 热电阻温度计检修及故障处理

热电阻温度计是脱硫最常用的温度测量仪表，从仪表数量和设备保护设置上讲，在脱硫设备等级检修中作为热工仪表重要项目进行。热电阻温度计检修工作应注意以下几个方面。

（1）质量要求。

1）热电阻温度计的保护套管不应有弯曲扭斜、压扁、堵塞、裂纹、砂眼、磨损和严重的腐蚀等缺陷。

2）热电阻温度计的感温件绝缘套管的内孔应光滑，接线盒、盒盖板、螺栓等应完整，铭牌标志应清楚，各部件装配应牢固可靠。

3）热电阻温度计的骨架不得有显著的弯曲现象，热电阻不得短路或短路。

（2）检修项目。在检修前，须对热电阻温度计的阻值进行测量，核对热电阻温度计分度号，确定测量元件的好坏情况。

1）外观检查：检查热电阻温度计接线盒外观是否良好，连接是否牢固，保护管是否弯曲或磨损，轻摇动热电阻温度计，倾听管内是否有异常声响。

2）解体检查：将热电阻温度计从保护管内拉出，观察热电阻温度计是否清洁、锈蚀和损坏；对于铠装热电阻元件，检查铠甲顶端是否有磨损；用万用表或电桥测量热电阻，检查热电阻温度计阻值是否符合当时温度下的阻值，不符合者应修理或更换。

3）修理：

a. 保护管和接线盒内脏污或有杂质，应清除和清洗。

b. 保护管与接线盒松动时应紧固。

c. 对于铠装热电阻元件，铠甲顶端如有磨损，轻微磨损应在装配时调整插入应力；严重的磨损应制作合适的金属保护套管将其顶端罩住，并用密封胶或绝缘密封防潮，或用玻璃鳞片进行防腐处理；如内部热电阻元件有故障，应报废处理；当铠装热电阻元件有裂纹时，应浸绝缘漆密封防潮。

d. 装配：检修或更换的热电阻温度计元件，应能插入到保护套管底部；铠装热电阻的插入深度能调节的，应重新调整固定。

e. 经检修后的热电阻温度计应符合其质量要求。

（3）热电阻测温元件故障处理。一般热电阻测温元件的故障有如下三种。

1）仪表指示值比实际温度低或指示不稳定。

a. 原因分析：

（a）保护管内有积水。

（b）接线盒上有金属屑或灰尘。

（c）热电阻丝之间短路或接地。

b. 处理方法：

（a）清理保护管内的积水并将潮湿部分加以干燥处理。

（b）清除接线盒上的金属屑或灰尘。

（c）使用万用表检查热电阻温度计短路或接地部位，并加以消除，若仍短路应更换。

2）仪表指示最大值。

a. 原因分析：热电阻断路。

b. 处理方法：

（a）用万用表检查断路器部位并予以消除。

（b）如连接导线断开，应予以修复或更换。

（c）如热电阻本身断路，应更换。

3）仪表指示最小值。

a. 原因分析：热电阻短路。

b. 处理方法：用万用表检查短路部位，若是热电阻短路，则应修复或更换；若是连接导线短路则应处理或更换。

5. 热电阻温度计检定

热电阻温度计的检定应满足 JJG 229—2010《工业铂、铜热电阻检定规程》中华人民共和国国家计量检定法规中指定的要求。热电阻温度计的检定周期应根据具体情况规定，最长不超过一年，现场应用一般按计量分类管理规定的周期进行校验。当热电阻温度计的电阻系数 a 的偏差超过允许值，但在 0 ℃和 100 ℃和上限温度点的电阻值均符合允许偏差的规定时，则该热电阻温度计判断为合格，反之则为不合格。经检定符合有关规定要求的热电阻温度计和感温元件发检定证书，不符合有关规程要求的发检定结果通知书。

（1）热电阻温度计检定方法。

热电阻温度计的检定，只测定 0 ℃和 100 ℃时的电阻值 R_0、R_{100}，并计算电阻比 W_{100}

（其值为 R_{100}/R_0 ）。

1）接线方法及要求。

a. 三线制热电阻：由于使用时不包括内引线电阻，因此在测定电阻时，须采用两次测量方法，以消除内引线电阻的影响。对铠装三线制热电阻温度计检定时，三线制热电阻测量 R_1 接线图如图 4-11 所示，三线制热电阻测量 R_2 接线图如图 4-12 所示；按图 4-11 所示的接线测量出 R_1，按图 4-12 所示的接线测量出 R_2。

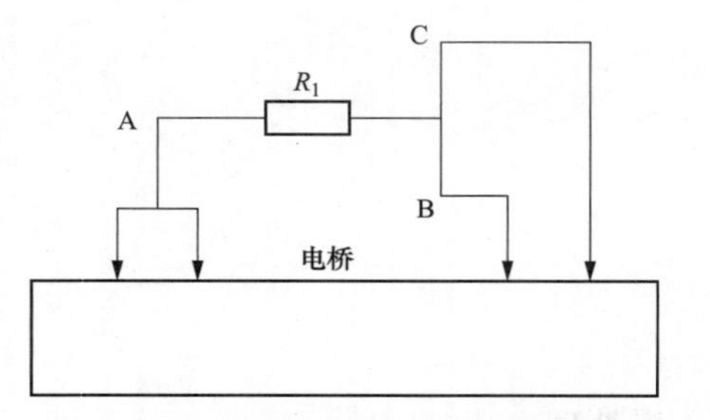

图 4-11　三线制热电阻测量 R_1 接线图

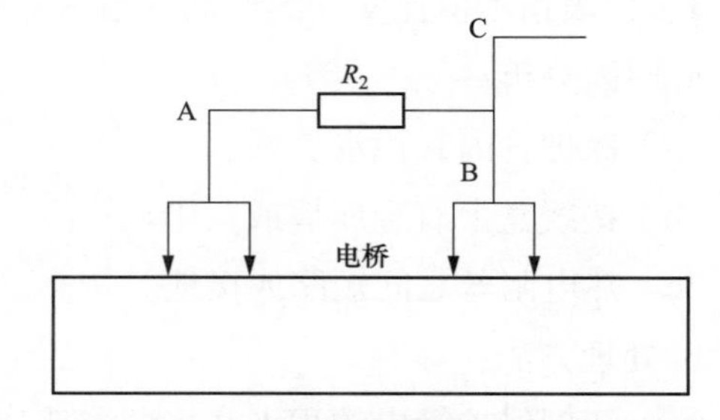

图 4-12　三线制热电阻测量 R_2 接线图

b. 插入深度。热电阻的插入深度一般不少于 300 mm。

2）0 ℃电阻值检定：0 ℃电阻值检定是将两级标准热电阻温度计和被检热电阻插入盛有冰水混合物的冰点槽内；30 min 后按如图 4-13 所示（用标准铂电阻温度计测量被检热电阻的电阻值的顺序）中的顺序测出标准铂热电阻温度计和被检热电阻的电阻值；循环读数三次，取其平均值，如此完成一个读数循环。A 级铂热电阻每次测量不得少于三个循环，B 级铂热电阻及铜热电阻每次测量不得少于两个循环，取其平均值进行计算。

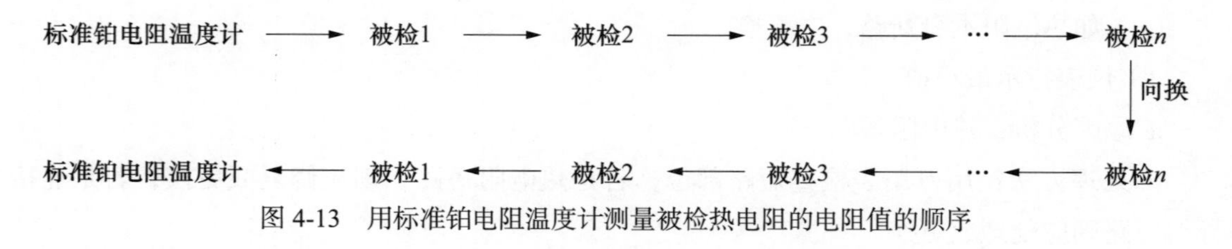

图 4-13　用标准铂电阻温度计测量被检热电阻的电阻值的顺序

3）100 ℃电阻值检定。100 ℃电阻值检定将标准铂热电阻温度计和被检热电阻插入沸点槽或恒温槽内；30 min 后按规定次序循环读数三次，取其平均值。被检热电阻在 100 ℃的电阻值，与水沸点槽或油恒温槽的温度偏离 100 ℃值之值不应大于 2 ℃；温度变化每 10 min 不应大于 0.04 ℃。

（2）检定电阻值时的注意事项。

1）0 ℃热电阻温度计也可在蒸馏水制备的冰水混合物中直接进行测定。

2）热电阻温度计在 0 ℃时的电阻值 R_0 的误差和电阻比 W_{100} 的误差不应大于工业热电阻允许误差表的规定。

三、温度变送器

1. 测量原理

温度变送器采用热电偶、热电阻作为测温元件，从测温元件输出信号送到变送器模块，经过稳压滤波、运算放大、非线性校正、U/I 转换、恒流及反向保护等电路处理后，转换成与温度呈线性关系的标准电流或电压信号。温度变送器主要用于工业过程温度参数的测量与控制。温度变送器通常由两部分组成：测量单元、信号处理和转换单元。有些温度变送器增加了显示单元，有些温度变送器还具有现场总线功能。温度变送器原理图如图 4-14 所示。

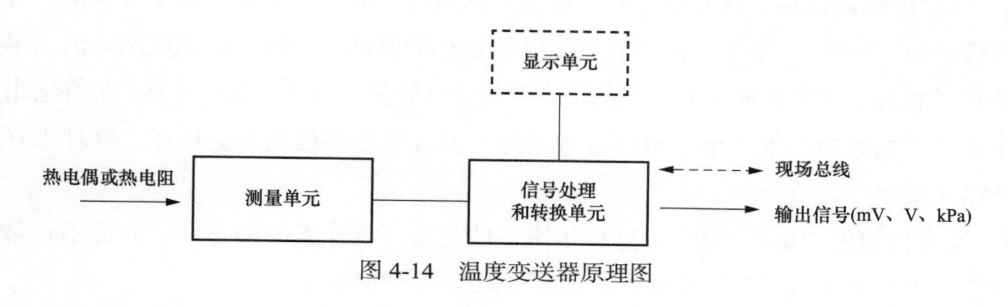

图 4-14 温度变送器原理图

一体化温度变送器就是将热电偶或热电阻传感器被测温度转换成电信号，再将该信号送入变送器的输入网络，该网络包含调零和热电偶补偿等相关电路。经调零后的信号输入到运算放大器进行信号放大，放大的信号一路经 U/I 转换器计算处理后以 4～20 mA 直流电流输出；另一路经 A/D 转换器处理后到表头显示。

2. 设备分类及选型

常用的温度变送器按照测量原理分为热电偶温度变送器和热电阻温度变送器。由于脱硫工况在中低温区，所以基本选用热电阻温度变送器，常安装于高速离心风机测量出口温度使用。

热电阻温度变送器由基准单元、R/U 转换单元、线性回路、反接保护、限流保护、U/I 转换单元等组成。测温热电阻信号转换放大后，再由线性回路对温度与电阻的非线性关系进行补偿，经 U/I 转换电路后输出一个与被测温度呈线性关系的 4～20 mA 的恒流信号。热电阻温度变送器的工作原理就是通过确认电阻值的不同计算出当前的温度，再根据热电阻的量程变送输出对应的标准信号 4～20 mA（或 1～5 V）值。

3. 设备安装

温度变送器的安装应保证其周围的环境温度：−25～+70 ℃，尽量安装在无振动或振动小的地方，探头插入的深度最好为介质管道直径的 1/2～2/3。不同型号的温度变送器应按各自的说明书接线，如两线、三线和四线制，对于具有安全防爆要求的仪表，接线时特别注意不能短路。在本质安全防爆系统中使用温度变送器时，要特别注意使用配套的隔离式安全栅。

4. 温度变送器常见故障及处理

（1）温度传感器引起的故障。在使用过程中，一旦出现温度变送器输出异常，首先检查温度传感器是否出现故障。在温度变送器电路正常的情况下，有以下几种情况：

1）温度传感器断路。温度变送器都有温度传感器熔断报警功能，此时无论变送器前端接的是热电阻还是热电偶，都会表现为变送器输出值小于标准信号即小于 4 mA。目前标准的熔断报警电流是 3.75 mA，当测试温度变送器输出时，万用表显示的电流值为 3.75 mA；同时变送器模块的红灯闪烁，即可判定温度传感器断路，更换前端的探头即可解决。

2）温度传感器短路。此时温度变送器输出的数值一般没有规律，是个异常值，可以理解成软件中的“乱码”。事实上由于温度传感器短路的原因，经过恒流源激励后流入单片机的电压有可能是个异常的电压值，再经过系列的 AD 转换、放大、DA 转换，最终输出的就是一个非正常的数值。如果前端电路处理得好，温度变送器模块不会损坏，处理不好的电路就会损坏模块。

3）温度传感器“虚断虚短”。这种情况一般是温度变送器时而正常，时而不正常。大多数原因属于温度传感器封装质量的问题，更换探头即可解决。

（2）供电电源引起的故障。正常的温度变送器供电范围是 9～30 V DC，或者 8.5～30 V DC，现场使用较多的是 12 V DC、24 V DC 直流开关电源。一般情况下，电源不会对温度变送器造成损坏；如果电源出现问题，就很有可能损坏温度变送器。

1）供电电压偏低。温度变送器供电电路的设计一般情况是留有余量的，如果低于标准供电电压 2～3 V DC，在确保温度变送器正常功耗的情况下，温度变送器是可以正常工作的；即使不能满足温度变送器正常工作所需的功耗，温度变送器只是不会正常工作，也不会损坏。

2）供电电压偏高。一般情况下，电压不能超过 32 V DC，超过基本会损坏温度变送器；即使侥幸电源电路中没有元件烧毁，也会降低其使用寿命。

3）共用电源的问题。在系统中，多数设备共用同一电源的现象非常普遍。一般情况下，同一功耗量级的设备基本会相安无事，如系统中有大功率的设备或者不断启停的设备，轻则会造成电荷堆积引起干扰，重则会产生浪涌。因此，工程师在设计电路时，具体分析所用的设备和仪器仪表，将不同类型的设备、仪器仪表分开供电，做到互不干扰、互不影响。

4）浪涌损坏。浪涌是损坏温度变送器的最常见的黑手。本质上讲，浪涌是发生在仅仅几百万分之一秒时间内的一种剧烈脉冲。可能引起浪涌的原因有：重型设备、短路、电源切换或大型发动机；而含有浪涌阻绝装置的产品可以有效地吸收突发的巨大能量，以保护连接设备免于受损。

5）电磁干扰。大的电机、大型机械、反应釜、电力设备、传输线路、无线电、甚至偶然经过的大型设备等能够产生电磁场的，基本都会有电磁波的传导或者辐射。因此，工程师或者技术员在现场就要仔细分析自己现场环境，采取必需的措施。在设计时，要把电磁干扰作为防范的重点，做到防患于未然，努力减少后续使用过程中的麻烦。

5.（分离式）温度变送器的校验

（1）温度变送器的检查。

1）被检温度变送器外壳、外露部件表面应光洁完好，铭牌标志应清楚。

2）温度变送器各个零部件应清洁无尘、完整无损、不得有锈蚀、变形。

3）各个紧固件应牢固可靠，不得有松动、脱落等现象，可动部分应转动灵活、平衡，无卡涩；接线端子板的标识应清晰，引线孔及密封应良好。

（2）零点和满量程校准。对于零位和满量程可调的仪表，当校验前其示值的基本误差大于 2/3 示值允许误差限值时，按说明书要求进行零点和量程的反复调整，直至两者均小于示值的允许误差，并使各校验点误差减至最少。

1）基本误差和回程误差校准。

a. 基本误差不应大于仪表的允许误差。

b. 允许误差和允许回程误差值不应大于温度变送器允许误差表 4-5 中的值。

表 4-5　　温度变送器允许误差表

准确度等级	0.2	0.5	1.0	1.5	2.5
满量程的允许误差（%）	± 0.2	± 0.5	± 1.0	± 1.5	± 2.5
满量程的允许回程误差（%）	0.1	0.25	0.4	0.6	1.0

2）检修后变送器的试验。

a. 负载变化影响试验。当负载电阻在允许的范围内（可只试验下、上限点）变化时，变送器输出下限值及量程的变化，应不大于允许误差的绝对值。

b. 变送器电源电压波动影响试验。当电源电压在规定的电源电压变化值范围内变化时，变送器电源电压允许变化范围见表 4-6，变送器输出下限值及量程的变化，不应大于允许误差的绝对值。

表 4-6　　变送器电源电压允许变化范围　　（V）

电源电压	电源电压变化值
220（交流）	187～242（交流）
24（直流）	22.8～25.2（直流）
24（直流）	21.6～26.4（直流）

第二节 压力测量仪表

在石灰石－石膏湿法脱硫系统中，压力测量仪表是十分重要的热工仪表，常用于测量烟气压力、浆液管道压力、水管道压力、设备前后差压等，运行人员通过测量的数值来调整运行参数，保证系统安全生产。压力测量仪表分为压力表和压力（差压变送器）两部分。

压力测量仪表这里所说的压力，实际上指的是物理学上的压强，即单位面积上所承受压力的大小。常用压力表述一般有以下几种：

（1）绝对压力：以绝对压力零位为基准，高于绝对压力零位的压力。

（2）正压：以大气压力为基准，高于大气压力的压力。

（3）负压（真空）：以大气压力为基准，低于大气压力的压力。

（4）差压：两个压力之间的差值。

（5）表压：以大气压力为基准，大于或小于大气压力的压力。

（6）压力表：以大气压力为基准，用于测量小于或大于大气压力的仪表。

一、压力表

1. 压力表测量原理

在工业过程控制与技术测量过程中，由于机械式压力表的弹性敏感元件具有很高的机械强度以及生产方便等特性，使得机械式压力表得到越来越广泛的应用。

机械压力表中的弹性敏感元件随着压力的变化而产生弹性变形。机械压力表采用弹簧管（波登管）、膜片、膜盒及波纹管等敏感元件并按此分类。所测量的压力一般视为相对压力，一般相对点选为大气压力。弹性元件在介质压力作用下产生的弹性变形，通过压力表的齿轮传动机构放大，压力表就会显示出相对于大气压的相对值（或高或低）；在测量范围内的压力值由指针显示，刻度盘的指示范围一般做成 270°。

2. 压力表分类及选型

（1）分类。

1）压力表按其测量精确度，可分为精密压力表、一般压力表。精密压力表的测量精确度等级分别为 0.1、0.16、0.25、0.4 级；一般压力表的测量精确度等级分别为 1.0、1.6、2.5、4.0 级。

2）压力表按其指示压力的基准不同，分为一般压力表、绝对压力表、差压表。一般压力表以大气压力为基准；绝对压力表以绝对压力零位为基准；差压表测量两个被测压力之差。

3）压力表按其测量范围，分为真空表、压力真空表、微压表、低压表、中压表及高压表。真空表用于测量小于大气压力的压力值；压力真空表用于测量小于和大于大气压力的压力值；微压表用于测量小于 0.06 MPa 的压力值；低压表用于测量 0～6 MPa 压力值；中压表用于测量 10～60 MPa 压力值；高压表用于测量 100 MPa 以上压力值。

（2）选型。

1）普通压力表。普通压力表属于就地指示型压力表，就地显示压力的大小，不带远程传送显示、调节功能。普通压力表适用于测量无爆炸，不结晶，不凝固，对铜和铜合金无腐蚀作用的液体、气体或蒸汽的压力和真空。在电厂脱硫装置中一般用于转动机械密封冲洗水压力测量、流水管道压力测量、生活水 / 暖气水压力测量等。普通压力表如图 4-15 所示。

技术参数：测量范围为 0.1～60 MPa；准确等级为 0.4/0.25；连接螺纹为 M20 × 1.5。

2）精密压力表。精密压力表由测压系统、传动机构、指示装置和外壳组成。精密压力表的测压弹性元件经特殊工艺处理，使精密压力表性能稳定可靠，与高精度的传动机构配套调试后，能确保精确的指示精度。精密压力表主要用来校验工业用普通压力表，精密压力表也可在工艺现场精确的测量对铜合金和合金结构钢等材质无腐蚀性、非结晶、非凝固介质的压力。精密压力表在标度线下设置有镜面环（A 型、B 型），在使用中读数更清晰精确。在电厂脱硫装置中一般在压力表检定时用于标准压力表使用。精密压力表如图 4-16 所示。

技术参数：测量范围为 0.1～60 MPa，准确等级为 0.4/0.25，连接螺纹为 M20 × 1.5。

3）膜盒压力表。膜盒压力表又称微压表。膜盒压力表适用于测量无爆炸危险、不结晶、不凝固，以及对铜和铜合金有腐蚀作用的液体、气体或蒸汽的低微压力。膜盒压力表采用膜盒作为测量微小压力的敏感元件，测量对铜合金起腐蚀作用、无爆炸危险气体的微压和负压，广泛应用于锅炉通风、气体管道、燃烧装置等其他类似设备上。不锈钢膜盒压力表根据导压系统及外壳均采用不锈钢材料制成，应用于耐腐蚀要求较高的工艺流程中对各种气体介质的微压和负压的测量。不锈钢膜盒压力表参照原膜盒压力表的结构特点而研制的具有耐腐蚀作用的微压表，应用于锅炉通风和气体管道等设备上，在耐腐要求较高的工艺流程中测量各种气体介质的微压和负压。膜盒压力表如图 4-17 所示。

图 4-15　普通压力表

图 4-16　精密压力表

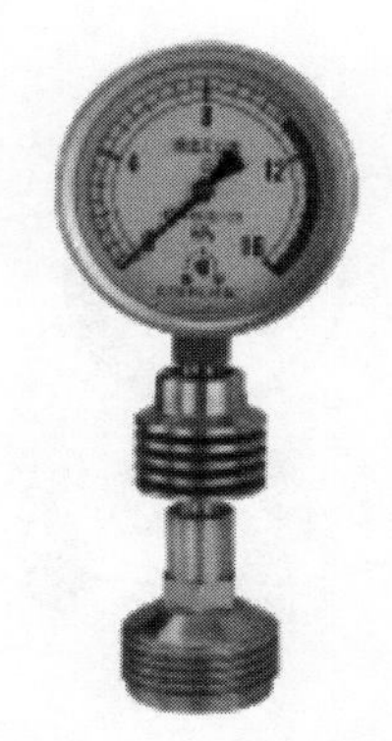
图 4-17　膜盒压力表

技术参数：表盘直径为 60～150 mm；测量范围为正负 30 MPa；准确等级为 1.5～1.6；连接螺纹为 M14-1.5、M20-1.5。

4）隔膜压力表。隔膜压力由隔膜隔离器与通用型压力仪表组成一个系统的隔膜表。隔膜压力表与设备连接方式主要有螺纹连接和法兰连接及卫生卡箍式等。隔膜压力表适用于测量强腐蚀、高温、高黏度、易结晶、易凝固、有固体浮游物的介质压力以及必须避免测量介质直接进入通用型压力仪表和防止沉淀物积聚且易清洗的场合。隔膜压力表主要用于石油化工、制碱、化纤、染化、制药、食品和卫生系统等工业部门生产过程中测量流体介质的压力之用。电厂脱硫装置中常用于浆液管道压力测量。隔膜压力表如图 4-18 所示。

技术参数：表盘直径 60～150 mm；测量范围：–0.1～100 MPa。

5）磁助电触点压力表。磁助电触点压力表是应用于石油、化工、冶金、电站等工业部门或机电设备配套中测量无爆炸危险的各种流体介质的压力的仪器。通常，磁助电触点压力表经与相应的电气器件（如继电器及接触器等）配套使用，即可对被测（控）压力系统实现自动控制和发信（报警）的目的。电厂脱硫装置中常用于循环泵入口管道、氧化风机出口管道压力测量控制。磁助电触点压力表如图 4-19 所示。

技术参数：准确度为 1.6 级、2.5 级；触电功率为 YXC 磁助式 1 A/10 VA，YX 直接作用式 0.7 A、30 VA；最高工作电压为 380 VAC/220 VDC。

6）不锈钢压力表。不锈钢压力表具有较强的防被测介质腐蚀和抗环境腐蚀的能力。不锈钢压力表适用于腐蚀性较强的适合不锈钢元件检测的介质和恶劣的外部腐蚀环境中使用。不锈钢压力表由导压系统（包括接头、弹簧管、限流螺钉等）、齿轮传动机构、示数装置（指针与度盘）和外壳（包括表壳、表盖、表玻璃等）所组成。不锈钢压力表通过表内的不锈钢敏感元件（波登管、膜盒、波纹管）的弹性形变，再由表内机芯的转换机构将弹性形变传导至指针，引起指针转动来显示压力。对于在仪表内充液（一般为硅油或甘油）的不锈钢压力表，能够抗工作环境振动较剧烈和减少介质压力的脉动影响。不锈钢压力表在电厂脱硫装置中常用于设备油压就地显示。不锈钢压力表如图 4-20 所示。

图 4-18　隔膜压力表

图 4-19　磁助电触点压力表

图 4-20　不锈钢压力表

技术参数：表盘直径：60～150 mm；测量范围：-0.1～100 MPa；准确等级：1.5/1.6/2.5；链接螺纹：M10 × 1.0、M14 × 1.5、M20 × 1.5。

3. 压力表的安装

要实现仪表的准确测量，除了选择正确仪表，仪表本身测量准确以及一个测量系统外，还必须注意整个系统的正确安装。另外因为测量系统的误差不等于仪表误差，所以测量的数值不能完全反映实际参数。

压力表的正确安装包括取压口的开口位置、连接导管的合理铺设和仪表安装位置的正确等。

（1）取压口的位置选择。

1）避免处于管路弯曲、分叉及流束形成涡流的区域。

2）当管路中有凸起物体（如测温元件）时，取压口应取在其前面。

3）当必须在调节阀门附近取压时，若取压口在其前，则与阀门距离不应小于 2 倍管径；若取压口在其后，则与阀门距离不应小于 3 倍管径。

4）对于宽广容器，取压口应处于流体流动平稳和无涡流的区域。

（2）连接导管的铺设。连接导管的水平段应有一定的斜度，以利于排除冷凝液体或气体。当被测介质为气体时，导管应向取压口方向低倾；当被测介质为液体时，导管则应向测压仪表方向倾斜；当被测参数为较小的压差值时，倾斜度可稍微大一点。如导管在上下拐弯处，则应根据导管中的介质情况，在最低点安置排泄冷凝液体装置或在最高处安置排气装置，以保证在长时间内不会因在导管中积存冷凝液或气体而影响测量的准确度。冷凝液或气体要定期排放。

（3）压力仪表安装注意事项。

1）仪表应垂直于水平面安装。

2）仪表测定点于仪表安装处在同一水平位置，否则考虑附加高度误差修正。

3）仪表安装处与测定点之间的距离应尽量短，以免出现指示延迟现象。

4）保证密封性，不应有泄漏现象出现，尤其是易燃易爆气体和有毒有害介质。

4. 压力表常见故障及处理

现场使用的压力仪表可分为就地和远传两大类，就地的以弹簧管压力表为主，出现故障较明显，通过观察大多能发现问题所在，对症更换或修理即可。其中导压管或取样阀门堵塞、泄漏是最常见的故障。

（1）压力指示值误差不均匀。

1）弹簧管变形失效，位移与压力不成正比例关系，需要更换弹簧管。

2）齿轮夹板与底板结合位置不对。应松脱结合螺钉将夹板向反时针方向传动。

3）弹簧管自由端与扇形齿轮、轮杆传动比调整不当，需要重新加以检验调整。

（2）压力指示值误差不均匀。

1）指针打弯或松动，可用镊子矫正，校验后敲紧。

2）游丝力矩不足，可脱开中心齿轮与扇形齿轮的啮合，反时针旋动中心齿轮轴以增大游丝反力矩。

3）传动齿轮有摩擦。调整传动齿轮啮合间隙。

（3）压力表指针有跳动或呆滞不转动现象。

1）指针与表面玻璃或刻度盘相碰有摩擦。可矫正指针。

2）中心齿轮轴弯曲，轴径不同心，不吻合，可以平口钳矫直。

3）两齿轮啮合处有污物，可拆下两齿轮进行清洁。

5. 压力表的检定

（1）检定项目。

1）零点检查。

a. 有零点限止钉的仪表，其指针应紧靠在限止钉。

b. 无零点限止钉的仪表，其指针应在零点分度线宽度范围内。

2）仪表校准。

a. 校验点一般不少于 5 点，其中包括常用点；准确度等级低于 2.5 级的仪表，其校验点可以取 3 点，但必须包括常用点。

b. 仪表的基本误差，不应超过仪表的允许误差。

c. 仪表的回程误差，不应超过仪表的允许误差的绝对值。

（2）校验方法。

1）与标准表比较法：当压力为零时，观察仪表指示位置，然后均匀地依次将标准表升压（或疏空）至被校表标有数字分度的压力值上，并依次读取被检表的示值；当升压到校验量程上限后，须再略微升压，然后再缓慢降压，并按照升压时的各校验点做下降时校验；检验完毕后，缓慢减压回零。

2）校验压力真空表时，压力部分按标有数字的分度线进行示值校验，真空部分，测量上限值为 0.06 MPa 时，校验 3 点；测量上限为 0.16 MPa 时，校验 2 点；测量上限值在 0.3～2.5 MPa 的压力真空表，疏空时指针应指向真空部分。

3）真空表按该地区气压的 90% 以上的疏空度进行耐压校验。

二、压力（差压）变送器

一般意义上的压力变送器主要由测压元件传感器（也称作压力传感器）、测量电路和过程连接件三部分组成。压力变送器将测压元件传感器感受到的气体、液体等物理压力参数转变成标准的电信号（如 4～20 mA DC 等），以供给指示报警仪、记录仪、调节器等二次仪表进行测量、指示和过程调节。

1. 工作原理

（1）压力变送器工作原理。压力变送器感受压力的电器元件一般为电阻应变片，电阻应变片是一种将被测件上的压力转换成为一种电信号的敏感器件。电阻应变片应用最多的是金属电阻应变片和半导体应变片两种。金属电阻应变片有丝状应变片和金属箔状应变片两种，通常是将应变片通过特殊的黏合剂紧密地黏合在产生力学应变基体上，当基体受力发生应力变化时，电阻应变片也会产生形变，使应变片的阻值发生改变，从而使加在电阻上的电压发生变化。

（2）差压变送器工作原理。差压变送器的工作原理来自双侧导压管的差压直接作用于变送器传感器双侧隔离膜片上，通过膜片内的密封液传导至测量元件上，测量元件将测得的差压信号转换为与之对应的电信号传递给转换器，经过放大等处理变为标准电信号输出。差压变送器用于防止管道中的介质直接进入变送器里，感压膜片与变送器之间靠注满流体的毛细管连接起来。差压变送器用于测量液体、气体或蒸汽的液位、流量和压力，然后将其转变成 4～20 mA DC 信号输出。

2. 分类及选型

（1）分类。按照测量原理分为：

1）电容式压力变送器。电容式压力变送器的测量原理是当压力直接作用在测量膜片的表面，使膜片产生微小的形变，测量膜片上的高精度电路将这个微小的形变变换成为与压力成正比的高度线性、与激励电压也成正比的电压信号，然后采用专用芯片将这个电压信号转换为工业标准的 4～20 mA 电流信号或者 1～5 V 电压信号。

由于测量膜片采用标准化集成电路，内部包含线性及温度补偿电路，所以可以做到高精度和高稳定性，变送电路采用专用的两线制芯片，可以保证输出两线制 4～20 mA 电流信号，方便现场接线。

2）扩散硅压力变送器。扩散硅压力变送器的测量原理是被测介质的压力直接作用于传感器的膜片上（不锈钢或陶瓷），使膜片产生与介质压力成正比的微位移，传感器的电阻值发生变化，电子线路检测到变化后，转换输出对应压力的标准测量信号。

3）陶瓷压力变送器。陶瓷压力变送器的测量原理是压力直接作用在陶瓷膜片的前表面，使膜片产生微小的形变，厚膜电阻印刷在陶瓷膜片的背面，连接成一个惠斯通电桥（闭桥），由于压敏电阻的压阻效应，使电桥产生一个与压力成正比的高度线性度且与激励电压也成正比的电压信号。电厂脱硫装置中常用于工艺水等管道压力测量。

（2）选型。

1）棒式压力变送器，常用于 CEMS 系统中烟气压力测量。棒式压力变送器如图 4-21 所示。

2）管螺纹式压力变送器，常用于工艺 / 工业水管道压力测量。管螺纹式压力变送器如图 4-22 所示。

图 4-21　棒式压力变送器

图 4-22　管螺纹式压力变送器

3）静压式压力变送器，常用于烟道压力测量。静压式压力变送器如图 4-23 所示。

4）带阀组差压式变送器，常用于增压风机前后差压测量。带阀组差压式变送器如图 4-24 所示。

5）单法兰式变送器，常用于吸收塔等箱罐液位压力测量。单法兰式变送器如图 4-25 所示。

6）双法兰式变送器，常用于脱硫装置中滤网差压测量。双法兰式变送器如图 4-26 所示。

图 4-23　静压式压力变送器

图 4-24　带阀组差压式变送器

图 4-25　单法兰式变送器

图 4-26　双法兰式变送器

3. 压力变送器安装

压力变送器安装时需特别注意选取压力点的位置，应符合以下规定：

（1）测量气体压力时，取压点应在工艺管道的上半部。

（2）测量液体压力时，取压点应在工艺管道的下半部与工艺管道的水平中心线成0～45°夹角的范围内。

（3）测量蒸汽压力时，取压点取在工艺管道的上半部以及下半部与工艺管道水平中心线成0°～45°夹角的范围内。

（4）压力取源部件的安装位置，应选择在工艺介质流束稳定的管段。

（5）压力取源部件与温度取源部件在同一管道上时，压力取源部件应安装在温度取源件的上游侧。

（6）压力取源部件的端部不应超出工艺设备和工艺管道的内壁。

（7）在垂直工艺管道上测量带有灰尘、固体颗粒或沉淀物等混浊介质的压力时，取源部件应倾斜向上安装，与水平线的夹角应大于30°，在水平工艺管道上宜顺流束成锐角安装。

（8）压力变送器安装位置应光线充足，操作和维护方便，不宜安装在振动、潮湿、高温、有腐蚀性和强磁场干扰的地方。

（9）压力变送器安装位置应尽可能靠近取源部件。测量低压的变送器的安装高度宜与取压点高度一致，尤其是测量液体介质和可凝性气体介质。

（10）测量气体介质压力时，变送器安装位置宜高于取压点；测量液体或蒸汽压力时，变送器安装位置宜低于取压点，目的在于减少排气、排液附加设施。

4. 压力变送器日常维护及故障处理

（1）压力变送器日常维护需要注意以下几方面。

1）防止渣滓在导管内沉积和变送器与腐蚀性或过热的介质接触。

2）测量气体压力时，取压口应开在流程管道顶端，并且变送器也应安装在流程管道上部，以便积累的液体容易注入流程管道中。

3）测量液体压力时，取压口应开在流程管道的侧面，以避免沉积积渣。

4）导压管应安装在温度波动小的地方。

5）测量液体压力时，变送器的安装位置应避免液体的冲击（水锤现象），以免变送器过压损坏。

6）北方寒冷地区，安装在室外的变送器必须采取防冻措施，避免引压口内的液体因结冰体积膨胀，导致变送器压力损失。

7）接线时，将电缆穿过防水接头或扰性管并拧紧密封螺母，以防雨水等通过电缆渗漏进变送器壳体内。

8）测量蒸汽或其他高温介质时，需接加缓冲管（盘管）等冷凝器，不应使变送器的工作温度超过极限。

（2）压力变送器常见故障及处理。

1）压力变送器常见故障及处理见表 4-7。

表 4-7　压力变送器常见故障及处理

序号	故障现象	故障原因	处理方法
1	无输出	导压管的开关是否打开	打开导压管开关
		导压管路是否有堵塞	疏通导压管
		电源电压是否过低	将电源电压调整至 24 V
		仪表输出回路是否有断线	接通断点
		电源是否接错	检查电源，正确接线
		内部接插件接触不良	查找处理
		若是带表头的，表头损坏	更换表头
		电子器件故障	更换新的电路板或根据仪表使用说明查找故障
2	输出过大	导压管中有残存液体、气体	排出导压管中的液体、气体
		输出导线接反、接错	检查处理
		主、副杠杆或检测片等有卡阻	处理
		内部接插件接触不良	处理
		电子器件故障	更换新的电路板或根据仪表使用说明查找故障
		压力传感器损坏	更换变送器
		实际压力是否超过压力变送器的所选量程	重新选用适当量程的压力变送器
3	输出过小	变送器电源是否正常	如果小于 12 V DC，则应检查回路中是否有大的负载；变送器负载的输入阻抗 R_L 应符合 $R_L \leq$（变送器供电电压 −12 V）/（0.02 A）Ω
4	输出不稳定	实际压力是否超过压力变送器的所选量程	重新选用适当量程的压力变送器
		压力传感器是否损坏（严重的过负荷有时会损坏隔离膜片）	需发回生产厂家进行修理
		导压管中有残存液体、气体	排出导压管中的液体、气体
		被测介质的脉动影响	调整阻尼消除影响
		供电电压过低或过高	调整供电电压至 24 V
		输出回路中有接触不良或断续短路	检查处理
		接线松动、电源线接错	检查接线
		电路中有多点接地	检查处理保留一点接地

续表

序号	故障现象	故障原因	处理方法
4	输出不稳定	内部接插件接触不良	处理
		压力传感器损坏	更换变送器
5	压力指示不正确	变送器电源是否正常	如果小于 12 V DC，则应检查回路中是否有大的负载；变送器负载的输入阻抗 R_L 应符合 $R_L \leq$（变送器供电电压 −12 V）/（0.02 A）Ω
		参照的压力值是否一定正确	如果参照压力表的精度低，则须另换精度较高的压力表
		压力指示仪表的量程是否与压力变送器的量程一致	压力指示仪表的量程必须与压力变送器的量程一致
		压力指示仪表的输入与相应的接线是否正确	压力指示仪表的输入是 4～20 mA 的，则变送器输出信号可直接接入；如果压力指示仪表的输入是 1～5 V 的，则必须在压力指示仪表的输入端并接一个精度在 1‰ 及以上、阻值为 250 Ω 的电阻，然后再接入变送器的输入
		变送器负载的输入阻抗应符合小于或等于（变送器供电电压 −12 V）/（0.02 A）Ω	如不符合则根据其不同可采取相应措施：如升高供电电压（但必须低于 36 V DC）、减小负载等
		多点纸记录仪没有记录时输入端是否开路	如果开路，则不能再带其他负载；改用其他没有记录时输入阻抗小于或等于 250 Ω 的记录仪
		相应的设备外壳是否接地	设备外壳接地
		是否与交流电源及其他电源分开走线	与交流电源及其他电源分开走线
		压力传感器是否损坏（严重的过负荷有时会损坏隔离膜片）	须发回生产厂家进行修理
		管路内是否有沙子、杂质等堵塞管道（有杂质时会使测量精度受到影响）	须清理杂质，并在压力借口前加过滤网
		管路的温度是否过高（压力传感器的使用温度是 −25～+85 ℃，但实际使用时最好为 −20～+70 ℃）	加缓冲管以散热，使用前最好在缓冲管内先加些冷水，以防过热蒸汽直接冲击传感器，从而损坏传感器或降低使用寿命

2）智能压力变送器常见故障及处理见表 4-8。

表 4-8　　智能压力变送器常见故障及处理

序号	故障现象	故障原因	处理方法
1	输出指示表读数为零	电源电极是否接反	纠正接线
		电源电压是否为 10～45 V DC	恢复供电电源 24 V DC
		接线座中的二极管是否损坏	更换二极管
		电子线路板损坏	更换电子线路板
2	变送器不能通信	变送器上电源电压（最小值为 10.5 V）	恢复供电电源 24 V DC
3	变送器读书不稳定	负载电阻（最小值为 250 Ω）	增加电阻或更换电阻
		单元寻址是否正确	重新寻址
		测量压力是否稳定	采取措施稳压或等待
		检查阻尼	增加阻尼
4	仪表读数不准	仪表引压管是否畅通	疏通引压管
		变送器设置是否正确	重新设置
		系统设备是否完好	保障系统完好
		仪表没校准	重新校准
5	有压力变化，输出无反应	仪表引压管是否畅通	疏通引压管
		变送器设置是否正确	检查并重新设置
		系统设备是否完好	保障系统完好
		检查变送器安全跳变器	重新设置
		传感器模块损坏	更换传感器模块

5. 压力变送器的校验

压力、差压检测部件与 A/D 转换电路、电流输出的关系并不对等，校准的目的就是找准三者的变化关系。只有对输入和输出（输入变送器的压力、A/D 转换电路、环路电流输出电路）一齐调试，才称得上是真正意义上的校准。

因为不使用标准器而调量程（LRV、URV）不是校准，忽略输入部分（输入变送器的压力）来进行输出调节（变送器的转换电路）不是正确的校准。所以，压力变送器校准需要用一台标准压力源输入变送器。

（1）准备工作。准备工作包括关闭平衡阀门，并检查气路密封情况，然后把电流表（电压表）、手操器接入变送器输出电路中，通电预热后开始校准。差压变送器的正、负压室都有排气、排液阀或旋塞，不用拆除导压管就可校准差压变送器。对差压变送器进行校准时，先把三阀组的正、负阀门关闭，打开平衡阀门，然后旋松排气、排液阀或旋塞放空，然后用自制的接头来代替接正压室的排气、排液阀或旋塞；而负压室则保持旋松状态，使其通大气。

（2）常规压力变送器的校准。常规压力变送器的校准是将阻尼调至零状态，先调零点；然后加满度压力调满量程，使输出为 20 mA。调零点时对满度几乎没有影响，但调满度时对零点有影响，在不带迁移时其影响约为量程调整量的 1/5，即量程向上调整 1 mA，零点将向上移动约 0.2 mA，反之亦然。

（3）智能压力变送器的校准。用上述的常规方法对智能变送器进行校准是不行的。因为智能变送器在输入压力源和产生的 4～20 mA 电流信号之间，除机械、电路外，还有微处理芯片对输入数据的运算工作，因此调校与常规方法有所区别。一般厂家对智能变送器的校准有相关说明，如 ABB 的变送器，对校准就有："设定量程""重定量程""微调"之分。其中"设定量程"操作主要是通过 LRV.URV 的数字设定来完成配置工作；而"重定量程"操作则要求将变送器连接到标准压力源上，通过一系列指令引导，由变送器直接感应实际压力并对数值进行设置，而量程的初始、最终设置直接取决于真实的压力输入值；尽管变送器的模拟输出与所用的输入值关系正确，但过程值的数字读数显示的数值会略有不同，这可通过微调项来进行校准。各部分既要单独调校也必须要联调，实际校准时可按以下步骤进行：

1）先做一次 4～20 mA 微调，用以校正变送器内部的 D/A 转换器，由于其不涉及传感部件，无需外部压力信号源。

2）再做一次全程微调，使 4～20 mA、数字读数与实际施加的压力信号相吻合，因此需要压力信号源。

3）最后做重定量程，通过调整使模拟输出 4～20 mA 与外加的压力信号源相吻合，其作用与变送器外壳上的调零（Z）、调量程（R）开关的作用完全相同。

第三节 物位测量仪表

在石灰石－石膏湿法脱硫系统中，对设备内的液位、固体物料高度参数检测与控制是最常用、最重要的参数，如吸收塔的液位检测和控制、工艺水箱的液位控制、石灰石粉仓的料位检测控制等都离不开物位测量仪表，物位测量仪表关系到整个脱硫工艺、各生产设备的安全。

对于不同的介质成分，不同的工况条件，物位测量仪表品种繁多，我们这里介绍的物位测量仪表分类是以物位测量方法来进行分类，主要包括：静压式液位测量仪表、超声波式物位测量仪表、浮力式液位测量仪表，接下来就针对这三类仪表进行介绍。

一、静压式液位测量仪表

在石灰石－石膏湿法脱硫系统中，压力式液位测量方式常被用在箱罐中，有吸收塔、工艺水箱、工业水箱、溢流浆液箱等，静压式液位测量液位如图 4-27 所示。

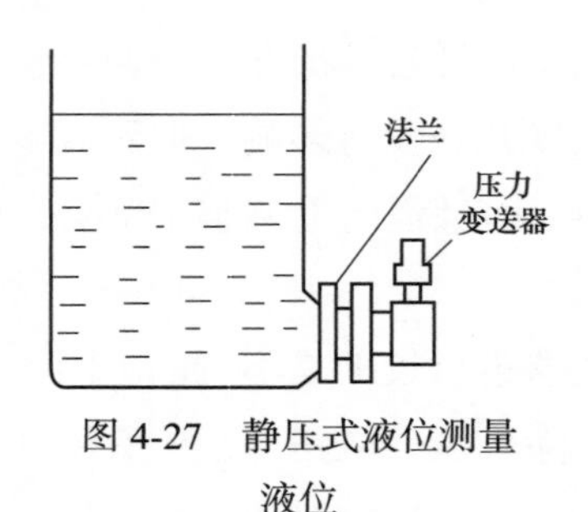

图 4-27　静压式液位测量液位

1. 测量原理

静压式液位测量的变送器装在容器底部的法兰上，作为敏感元件的金属膜和导压管与压力变送器的测量室相连，导压管内封入沸点高、膨胀系数小的硅晶体，使被测介质与测量系统隔离；法兰式液位变送器将液位信号转换为电信号或气动信号，用于液面显示或控制调节。由于静压式液位测量采用了法兰式连接，而且介质不必流经导压管，因而可检测有腐蚀性、易结晶、黏度大或有色的介质。

压力变送器通过法兰与容器底部相连接，压力变送器显示的压力与液位之间的关系如下：

$$H=\frac{p}{\rho g}$$

式中　p——指示压力；

ρ——介质密度；

H——液位高度；

g——重力加速度。

2. 设备安装与使用

（1）静压式液位计安装。静压式液位计一般安装于箱罐底部，同一高度安装数量一般为 2 台或以上。安装时要保证测量介质在较好的静压环境下进行，若测量介质内有其他外力搅拌，介质流动影响越小测量越准确，介质分布越均匀，测量误差越小。以脱硫吸收塔静压式液位计为例，一般采用三取二形式安装。其中两台位于吸收塔底部，另外一台位于底部上方 2 m 左右。安装点位要尽可能远离浆液循环泵、吸收塔搅拌器等设备，避免测量口处浆液扰动影响测量数值的准确性。为了避免长时间使用后，石膏或异物堆积导致测量口堵塞，在安装时需要考虑到在每个液位计测量口处配套安装冲洗装置。

（2）静压式液位计使用。差压变送器测量吸收塔液位如图 4-28 所示，吸收塔侧安装了两台 3051 L 型液位变送器，其中 B 变送器距离塔底高度是 h_2，A 变送器距离塔底高度是 h_1，已知 h_1、h_2、P_1、P_2、g，可以得出：

$$P_1=\rho g h_1，P_2=\rho g h_2$$

$$h_1=P_1/\rho g，h_2=P_2/\rho g \tag{4-1}$$

$$h_1-h_2=(P_1-P_2)/\rho g$$

$$\rho=(h_1-h_2)/(P_1-P_2)\times g \tag{4-2}$$

由式（4-2）可以得到吸收塔的密度，再将 ρ 代入式（4-1）中就可以得到 h_3，所以吸收塔液位：$h=h_1+h_3$。

（3）故障检查及处理。

1）液位测量仪表故障检查：如果液位测量中显示出现异常，应先确定是工艺液位异常

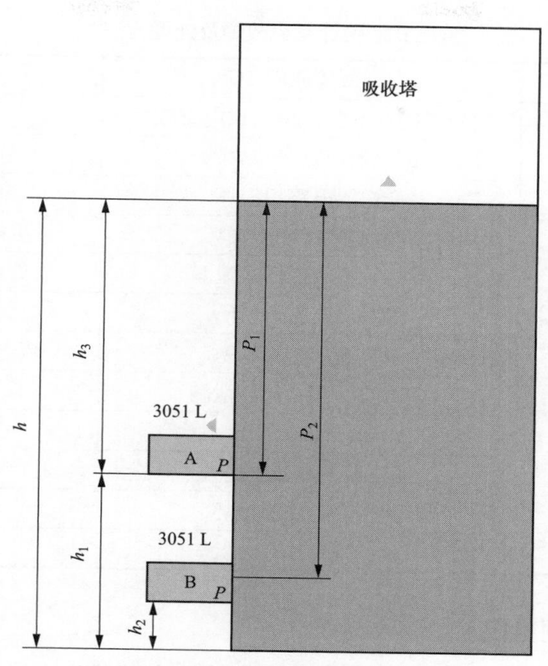

图 4-28 差压变送器测量吸收塔液位

还是测量系统问题；如果认为是测量系统问题，则应根据故障现象来分析故障原因，检查流程如图 4-29 所示。

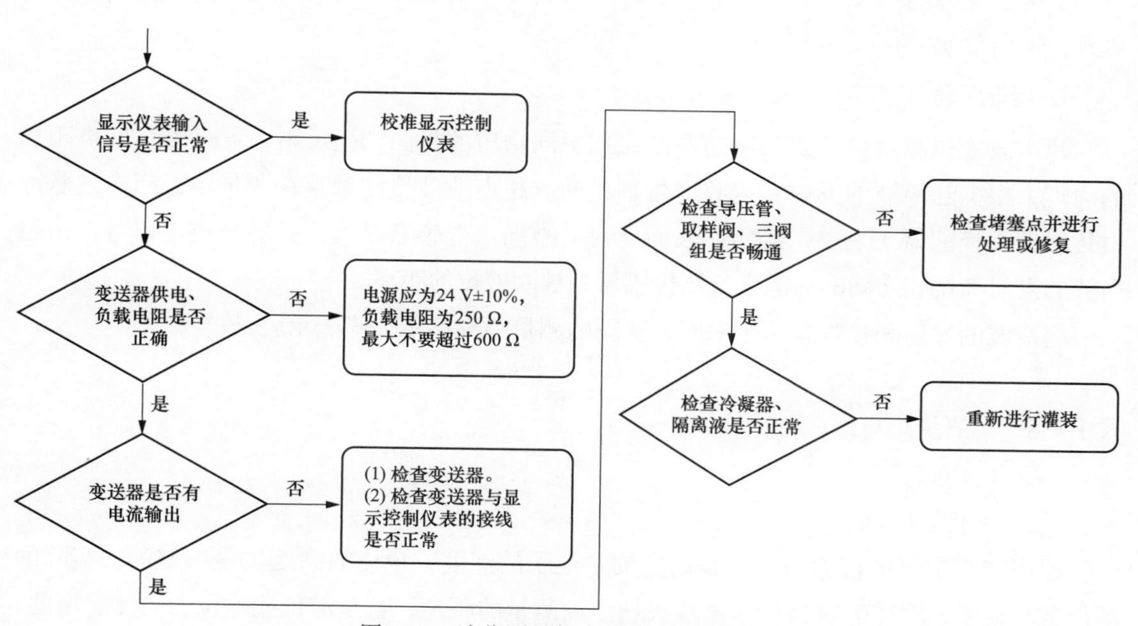

图 4-29 液位测量仪表故障检查示意图

2）静压式液位计常见故障及处理方法，见表 4-9。

表 4-9　　静压式液位计常见故障及处理方法

故障现象	故障原因	处理方法
没有输出电流	信号线接触不良，24 V 供电有故障	重新接线
	配电器或隔离器故障	更换配电器或隔离器
	变送器电路板损坏	更换电路板或变送器
输出电流为最大或最小	膜片破裂或变形损坏	更换法兰式液位变送器
	导压管或阀门严重泄漏	处理泄漏点或更换阀门
	取样阀门未打开	打开取样阀
	取样阀或管路堵塞	疏通测量管或更换取样阀
输出电流偏高或偏低	若有排污阀，阀门泄漏	紧固或更换排污阀
	取样阀未全开	全开取样阀
	变送器测量误差过大	重新校准变送器
电流值不会变化	变送器电路板损坏	更换电路板
	膜片损坏	更换变送器

二、超声波液位测量仪

超声波液位测量仪是一种非接触式、高可靠性、高性价比、易安装维护的物位测量仪器，可以发射能量波，能量波遇到障碍物反射，由接收装置接收反射信号。超声波液位测量仪根据测量能量波运动过程的时间差来确定物位变化情况；经电子装置对微波信号处理后，最终转化成与物位相关的电信号。超声波液位计由三部分组成：超声波换能器、处理单元、输出单元。

1. 测量原理

超声波液位测量仪就是利用超声波遇到不同物质的界面产生反射，通过测量回声距离的原理，根据超声波的发射和接收进行测量的。超声波液位测量仪在测量中，超声波脉冲由传感器（换能器）发出，经物体表面反射后被同一传感器接收，并转换成电信号，由超声波的发射和接收之间的时间来计算传感器到被测液位的距离。

超声波的发射和接收是一个来回，实际的测量距离值用公式表示就是：

$$S=C\times T/2$$

式中　S——测量距离值；

C——声速；

T——传输时间。

超声波在空气中传输的速度是固定的，池子的深度或罐体的高度也是一定的。实际的液位就是池子或罐体等容器的深度减去超声波测量的距离，就是液位或物位的高度。由此，就实现了超声波对液位的测量。

超声波传感器主要由压电晶片组成，既可以发射超声波，也可以接收超声波，小功率超声探头多作探测作用。超声波传感器有许多不同的结构，可分直探头（纵波）、斜探头

（横波）、表面波探头（表面波）、兰姆波探头（兰姆波）、双探头（一个探头发射、一个探头接收）等，双法兰式变送器如图 4-30 所示。超声传感器的核心是其塑料外套或者金属外套中的一块压电晶片，构成晶片的材料可以有许多种，晶片的大小，如直径和厚度也各不相同，因此每个传感器的性能是不同的。

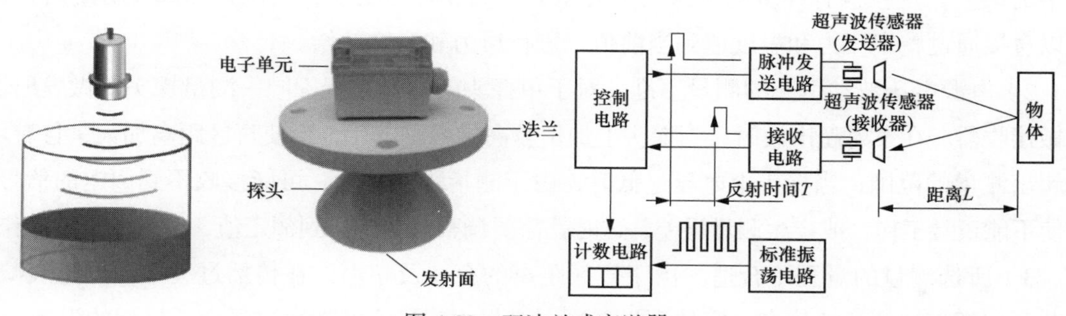

图 4-30 双法兰式变送器

2. 超声波液位计安装

在脱硫装置中，超声波液位计多应用在地坑、过滤水箱等处。超声波液位计安装时应符合以下要求：

（1）超声波液位计应水平置于容器顶部。

（2）超声波收发传感面应与液面平行。

（3）超声波收发传感面应尽量避免靠近容器侧壁。

（4）为避免振动或摇晃导致液位计松动，需要牢固安装。

（5）同一容器内不宜安装多台超声波液位计，超声波互相干扰会导致测量误差。

（6）安装位置应避免阳光直射，露天安装应加防护罩。

（7）安装位置应避免强振动区域，如安装在轻振动区域，应安装橡胶减振器。

（8）安装位置应远离进料口且不能碰到障碍物。

3. 超声波液位计日常维护及故障处理

（1）日常维护。

1）超声波液位计在日常使用维护中要从外观上检查仪表是否有损坏。

2）检查是否符合测量点的技术要求，如过程温度、压力、环境温度、测量范围等。

3）检查测量值是否与实际值一致；安装地点是否有遮阳避雨的保护措施。

4）检查接线端子位置是否正确、电缆密封塞是否拧紧、外壳盖是否拧紧；若有辅助电源，显示模块是否有显示。

5）超声波在使用中，电源必须与铭牌上数据一致，在接线前应切断电源。

（2）故障处理。

1）超声波速度 C 引起的测量不准。超声波在不同介质中的传播速度 C 不同。如 0 ℃

时，空气中声波传播速度约为 331 m/s，在水蒸气中为 403 m/s，且随着压力和温度变化，传播速度 C 也会发生变化；当温度为 100 ℃，空气中声波传播速度由 0 ℃时的 331 m/s 增加到 387 m/s，并且测量探头越接近液面传播速度 C 变化越显著。这样由于传播速度 C 的变化和不确定产生的测量误差，必须通过物理标定或采用压力、温度补偿等办法来减少测量中的误差，现在也有许多测量探头带有压力、温度补偿功能；当压力和温度稳定时，也可以直接通过整定压力和温度值到当前值，进行压力和温度补偿。

2）电源电压波动引起的测量不准。对于单探头的测量装置，同一测量探头既做发射器又做接收器。在发射超声波时，当探头上加了较高的激励电压，会使盲区距离加大，且有可能超出测量的范围；当探头上电压过低时，由于测量距离较远，可能接收不到回返的信号，致使不能正常工作，或产生测量误差，这时就需要调整电源电压到额定值，使探头正常工作。

3）所选测量的量程不合适。由于盲区距离的存在及超声波在传播过程中会产生衰减，因此利用超声波测量液位有一定的测量范围，应根据现场实际情况选择合适量程的设备。

4）测量传播介质引起的故障。在测量中，如果传播介质中含有较大的液滴颗粒，超声波遇到液滴会产生散射和反射，液滴吸收超声波，造成超声波的衰减，从而导致测量误差或者使测量探头无法工作，这种现象在北方地区，尤其是冬天更是常见。当这些液滴附着在测量探头表面时，危害更大，一方面会使测量探头不能工作；另一方面时间过长液滴可能会腐蚀探头表面，使测量探头无法使用，因此应及时通过通风和擦拭，必要时对测量探头加装保护罩。当液滴颗粒较小且没有附着在探头表面时，也可以采用大功率的探头或双探头测量方式解决。

5）测量液位液面引起的故障。当被测液位液面附有其他杂质或液面不平时，超声波会发生漫反射或波束反射到其他方向，回到测量探头的超声波很少，超出测量探头灵敏度范围，这样测量探头测不到波束，无法正常工作。为改变这种状况，可采取在测量探头的下方放置铁丝围井等方式解决。

6）安装方式引起的故障。超声波液位计存在测量盲区，根据量程的不同，盲区也不同。量程越小，则盲区越小；量程越大，则盲区越大，但一般在 30～50 cm 之间。因此在安装超声波液位计时，要考虑盲区的影响。

三、雷达料位计测量仪表

石灰石－石膏湿法脱硫系统中需要测量的料位有石灰石料位、石灰石粉仓料位。测量目的是监控上料和卸料，测量信号用于联锁和报警。由于粉仓和料仓垂直距离较高，一般超过 10 m，若采用超声波料位计接收到的回波信号弱，测量精度也会降低；同时石灰石来料从顶部下落，造成粉仓内很大的粉尘，严重影响超声波的传输，为了精确监测料位，选用雷达料位计。

1. 测量原理

雷达波是一种特殊形式的电磁波，雷达料位计利用了电磁波的特殊性能来进行料位检测。电磁波的物理特性与可见光相似，传播速度相当于光速，其频率为 300 MHz～3000 GHz。电磁波可以穿透空间蒸汽、粉尘等干扰源，遇到障碍物易于被反射，被测介质导电性越好或介电常数越大，回波信号的反射效果越好。

雷达波的频率越高，发射角越小，单位面积上能量（磁通量或场强）越大，波的衰减越小，雷达料位计的测量效果越好。发射—反射—接收是雷达式料位计工作的基本原理。雷达传感器的天线以波束的形式发射最小 5.8 GHz 的雷达信号。反射回来的信号仍由天线接收，雷达脉冲信号从发射到接收的运行时间与传感器到介质表面的距离以及物位成比例：

$$h=H-vt/2$$

式中 h——料位；

H——槽高；

v——雷达波速度；

t——雷达波发射到接收的间隔时间。

2. 分类及安装

（1）雷达料位计的分类。雷达料位计按工作方式可分为接触式雷达料位计和非接触式雷达料位计，具体如下：

1）非接触式雷达料位计。非接触式雷达料位计常用喇叭或杆式天线来发射与接收微波，仪表安装在料仓顶部，不与被测介质接触，微波在料仓上部空间传播与返回。非接触式雷达料位计，按照微波的波形又可分为脉冲雷达料位计和调频连续波雷达料位计。

a. 脉冲雷达料位计。脉冲雷达料位计将发射微波脉冲，以光速（在空气中）传播，碰到被测介质表面（介电常数必须大于传播介质的介电常数），部分微波被反射回来（反射量取决于料面平整度 / 介电常数大小），被同一天线接收，介质的反射量（率）越大，信号就越强，越好测量；反射量（率）越小，信号就越弱，越容易受干扰。准确地识别发射脉冲与接收脉冲的时间间隔 Δt，从而进一步计算出天线到被测介质表面的距离 D。脉冲雷达料位计测量原理如图 4-31 所示。

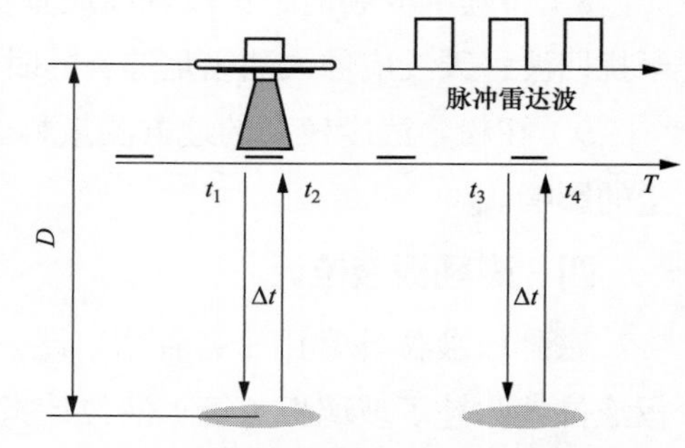

图 4-31 脉冲雷达料位计测量原理

b. 调频连续波雷达料位计。雷达用 24 GHz 作为测量基频（载频），2 GHz 为调节频宽，整个扫描时间为 7 ms，完成一次线性扫描，信号发射后，经过一定的时间延迟后，接收到回波信号。在线性扫频中产生的时间差，将正比例于液位距离，由于有许多反射波，将所有的回波时间进行快速傅里叶（FFT）变换，将时间信号转换成有一定能量的频谱，视频谱比较高和比较陡的信号为有用信号。调频连续波雷达料位计测量原理如图 4-32 所示。

2）接触式雷达料位计。接触式雷达料位计一般采用金属波导体（杆或钢缆）来传导微波，仪表从仓顶安装，导波直达仓底，发射的微波沿波导体外部向下传播，在到达物料面

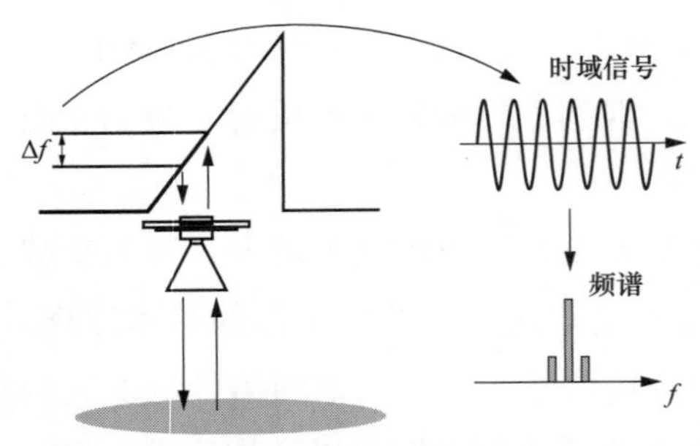

图 4-32 调频连续波雷达料位计测量原理

时被反射，沿波导体返回发射器被接收。这种可以通过导波线或导波杆直接接触所测物料来测量的接触式雷达料位计，主要是导波雷达料位计，根据其采用的金属波导体不同，又可进一步细分为：缆式（单 / 双）、杆式（单 / 双）和同轴导波雷达料位计。

相比接触式雷达料位计，非接触式雷达料位计具有安装简单、维护量少、使用方式灵活、不受到仓内粉尘、温度等因素的影响等优点，是近年来发展最快的一种测量仪器。

（2）安装。雷达料位计安装时需要注意以下问题：

1）安装时避开进料口，以防止进料反射的虚假信号影响测量。

2）确保电磁波传播路径上没有梯子、水平管道或填充流，注意避免罐壁干扰。

3）避免在又高又窄的集装箱中央安装雷达物位计。

4）喇叭天线端应伸入容器内至少 10 mm，以避免连接管末端的强烈反射。

5）为防止仪器损坏，安装时请注意避免振动、高压清洗和侧向载荷。

6）雷达物位计的天线安装应垂直于连接口，防止仪器损坏。天线与罐壁的距离应大于发射角波束面积，但为防止虚假回波，应避免安装在拱形罐中心。

7）雷达物位计安装在锥底罐内时，要注意天线与罐底对准，会带来一定的测量误差，但可以实现更完整的料位测量，克服锥底造成的假回波。

8）带喷嘴安装时，天线轴线应垂直于材料表面，喷嘴直径应加大，以减少喷嘴引起的干扰回波；天线应伸入油箱足够长的时间，以确保足够的回波。

9）在粉尘浓度较高的地方测量料位时，建议安装防尘罩或吹扫装置，防止天线受到挂尘的影响。

四、磁翻板液位计

磁翻板液位计常用于各种塔、罐、槽、球型容器和锅炉等设备的介质液位检测。磁翻板液位计弥补了玻璃板（管）液位计指示清晰度差、易破裂等缺陷，且全过程测量无盲区，显示清晰、测量范围大。

磁翻板液位计就地显示不依赖于其他的电子装置便可实现，并且稳定可靠，波动小，其安全性较之于其他类型的液位仪表有着更多的优势。在湿法脱硫系统中，磁翻板液位计常用于废水系统中加药箱罐液位测量等。

1. 工作原理

磁翻板液位计（也可称为磁性浮子液位计）是根据浮力原理和磁性耦合作用原理工作的。当被测容器中的液位升降时，磁翻板液位计主导管中的浮子也随之升降，浮子内的永久磁钢通过磁耦合传递到现场指示器，驱动红白翻柱转 180°；当液位上升时，翻柱由白色转为红色；当液位下降时翻柱由红色转为白色；指示器的红、白界位处为容器内介质液位的实际高度，从而实现液位的指示。

2. 选型及安装

磁翻板液位计根据安装方式常分为 A 型和 B 型，磁翻板液位计安装方式类型如图 4-33 所示。

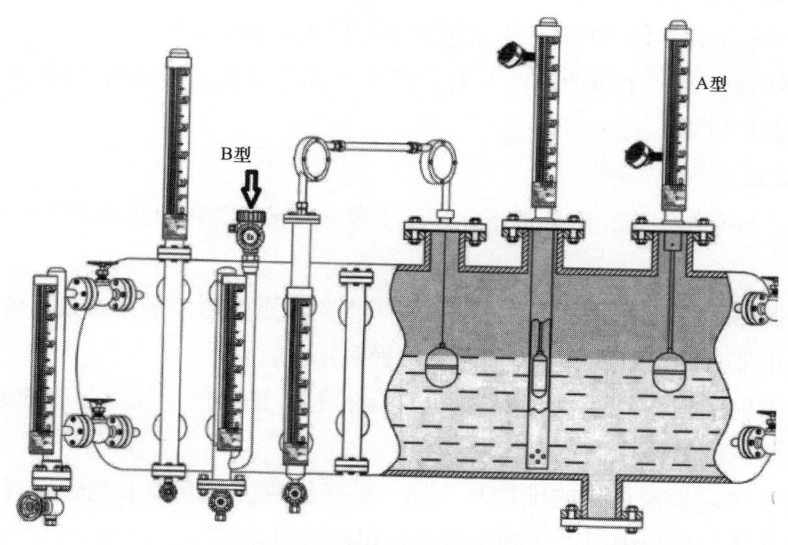

图 4-33 磁翻板液位计安装示意图

（1）A 型顶装式磁翻板液位计分为上、下两部分，上部在容器顶部；下部安装在容器内，由法兰与容器法兰连接。液下部分导管内浮子由连杆与上部导管内磁性头连成一体。当液体变化时，浮子带动磁钢在导管内上下运动，带动显示部分红白指示球翻转，在面板上读得液位高度。

（2）B 型侧装式磁翻板液位计有一个容纳浮球的腔体（称为主体管或外壳），通过法兰或其他接口与容器组成一个连通器。腔体内的液面与容器内的液面是相同高度，腔体内的浮球会随着容器内液面的变化而变化。制造浮球时在浮球沉入液体与浮出部分的交界处安装了磁钢，与浮球随液面升降时，磁钢的磁性透过外壳传递给翻柱显示器，推动磁翻柱翻转 180°；由于磁翻柱是有红、白两个半圆柱合成的圆柱体，所以翻转 180°后朝向翻柱显示器外的会改变颜色，两色交界处即是液面的高度。

3. 日常维护及检修

（1）顶装型磁翻板液位计的维护及检修。

1）顶装式磁翻板液位计出现的液位显示不准确的情况一般有以下几种原因：

a. 磁浮子损坏导致的磁力不足。

b. 磁浮子在液位计管中卡阻。

c. 浮筒泄漏，磁翻板卡阻或损坏。

2）针对以上几种原因一般可以通过以下步骤进行判断，该方法同样适用于常规检修。判断方法如下：

a. 用实验磁体在磁翻板液位计的有机玻璃盖板上上下刷动，如不能正常变化应针对磁翻板进行检修；如果磁翻板正常变化，则磁翻板无故障，进行下一步检修。

b. 确认储罐内具备拆口条件的情况下，将液位计法兰与储罐法兰的螺栓拆卸掉。

c. 垂直提起液位计本体 50 cm，正常情况下磁翻板显示应下降 50 cm。

d. 用手抓住连杆，向下按 20 cm 左右，正常情况下磁翻板显示应下降 20 cm；然后回升 20 cm，浮筒回弹明显。

3）故障现象。

a. 如果第二步操作完毕，磁翻板不能显示下降 50 cm，则有可能是磁性不足或者磁浮子卡阻。

b. 第三步操作中，如果下按困难，则磁浮子卡阻，更换磁浮子；如果下按阻力不很大，并且显示不能正常回复，则磁浮子磁力不足更换磁浮子。

c. 以上故障确认完毕，对浮筒回弹进行重新评估，进而确定浮筒是否泄漏，如泄漏考虑焊接或更换。

（2）侧装型磁翻板液位计的维护及检修。磁翻板液位计原理上能够实现准确的液位、界位检测，但在使用过程中很多磁翻板液位计仍出现显示不准，出现液位跳变性变化或者画直线等现象。

1）常见故障原因。

a. 浮子脏污。

b. 介质较黏稠和结晶。

2）排除故障方法。拆卸浮子液位计下方的法兰，拿出浮子进行人工清洗去污。

第四节　电磁流量测量仪表

在石灰石－石膏湿法脱硫系统中，流量测量常用于工艺水、工业水补水及石灰石浆液供浆流量的测量，测量流量计选型多为电磁流量计。

电磁流量计（electromagnetic flowmeters，EMF）是 20 世纪 50～60 年代随着电子技术的发展而迅速发展起来的新型流量测量仪表。电磁流量计的结构主要由磁路系统、测量导管、电极、外壳、衬里和转换器等部分组成。电磁流量计适用于测量封闭管道中导电液体和浆液的体积流量，如洁净水、污水、各种酸碱盐溶液、泥浆、矿浆、纸浆、糖浆及食品方面的液体等。

一、测量原理

电磁流量计的测量原理是基于法拉第电磁感应原理定律：导电液体在磁场中作切割磁力线运动时，导体中产生感应电动势为：

$$E = kB\bar{V}D$$

式中 k——仪表常数；

B——磁感应强度；

$\bar{V}$——测量管道截面内的平均流速；

D——测量管道截面的内径。

测量流量时，导电性液体以速度 $\bar{V}$ 流过垂直于流动方向的磁场，导电性液体的流动感应出一个与平均流速成正比的电压，其感应电压信号通过2个或2个以上与液体直接接触的电极检出，并通过电缆送至转换器通过智能化处理，LCD显示或转换成标准信号4～20 mA和0～1 kHz输出。电磁流量计测量原理如图4-34所示。

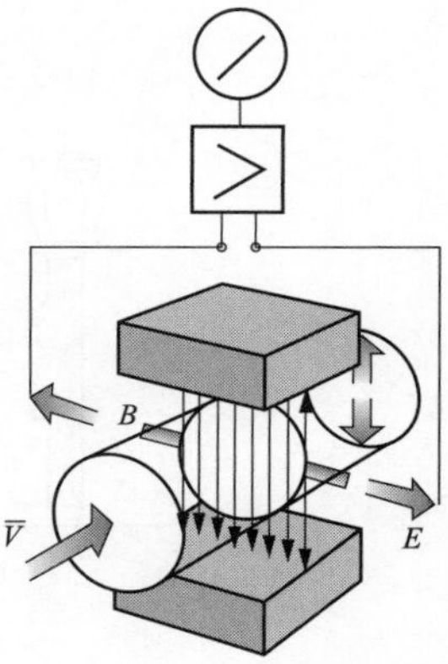

图4-34 电磁流量计测量原理

二、设备选型及安装

电磁流量计的选型是流量仪表应用中非常重要的工作，据有关资料表明，电磁流量计在实际应用中有2/3的故障是电磁流量计的错误选型和错误安装造成的。

1. 设备选型

（1）收集数据。

1）被测流体名称。

2）最大流量、最小流量。

3）最高工作压力。

4）最高温度、最低温度。

（2）被测流体必须具备一定的导电性，导电率大于或等于5 μS/cm。

（3）最大流量和最小流量应符合标准。

（4）实际最高工作压力必须小于电磁流量计的额定工作压力。

（5）最高工作温度和最低工作温度必须符合电磁流量计规定的温度要求。

（6）确定是否有负压情况存在。如传感器内衬选用不当，负压会导致内衬变形导致泄漏。

（7）若所选择的电磁流量计的内径与工艺管道的内径不符，应进行缩管或扩管。

（8）若管道进行缩管，应考虑由于缩管引起的压力损失是否会影响工艺流程。

（9）从电磁流量计价格上考虑，可以选择较小口径的电磁流量计，相对减少投资。

2. 内衬选择

电磁流量计的内部管段里都有一个衬里，有磁场部分的管道必须有良好的绝缘，流量计才能正常工作。应根据被测介质的腐蚀性，磨损性和温度来选择内衬材料。

（1）硬 / 软橡胶可耐一般的弱酸、碱的腐蚀，耐温 65 ℃，软橡胶有耐磨性。

（2）聚四氟乙烯（PTFE）几乎能耐除热磷酸外的强酸和强碱，温度可达 180 ℃，但不耐磨损。

（3）聚氨酯橡胶有较好的耐磨性，但不耐酸、碱腐蚀，使用温度低于 80 ℃。

3. 安装

（1）安装点位选择。电磁流量计安装点位选择如图 4-35 所示。

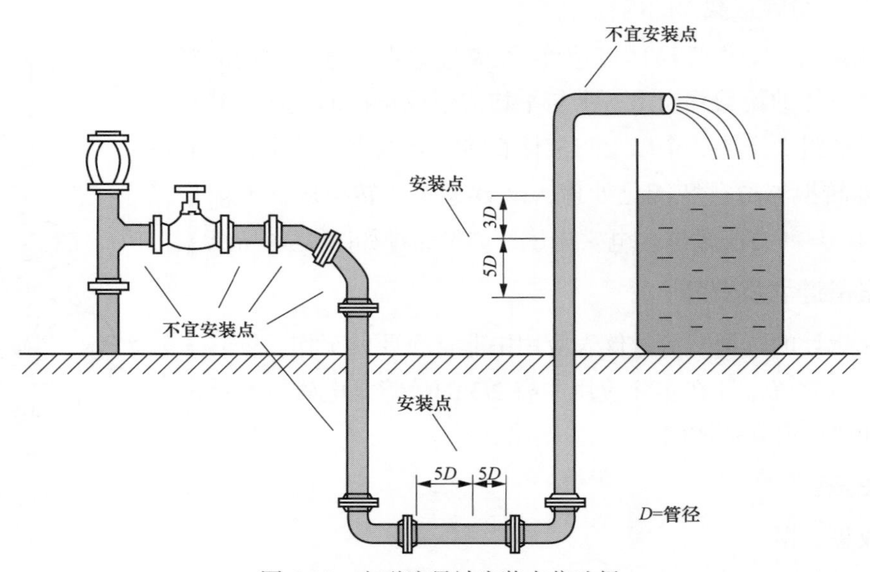

图 4-35　电磁流量计安装点位选择

1）选择充满液体的直管段，如管路的垂直段（流向由下向上为宜）或充满液体的水平管道（整个管路中最低处为宜），在安装与测量过程中，不得出现非满管情况。

2）电磁流量计测量位置应选在上游大于 5 倍管道直径和下游大于 3 倍管道直径的直管段处。

3）测量点选择应尽可能远离泵，阀门等设备，避免其对测量的干扰。

4）测量点选择应尽可能远离大功率电台，强磁场干扰源等。

（2）安装注意事项。

1）测量电极的轴线必须近似于水平方向，安装轴线如图 4-36 所示。

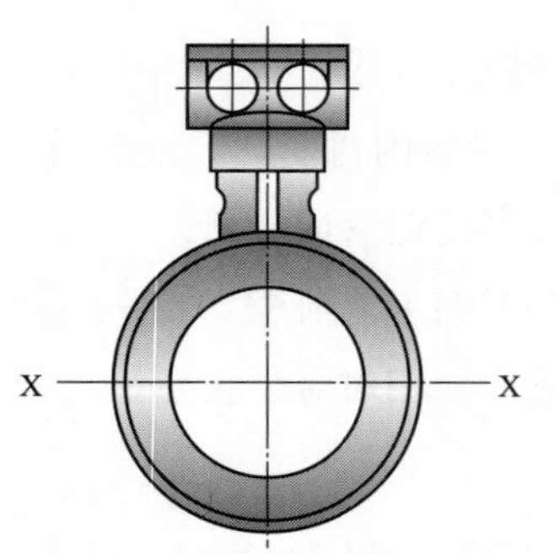

图 4-36　安装轴线

2）测量管道内必须完全充满液体，管道内如有真空会损坏流量计的内衬，造成流量计测量故障。

3）流量计的前方最少要有 5 倍管道直径长度的直管段，后方最少要有 3 倍管道直径长度的直管段。为方便安装和拆卸，可在电磁流量计后加装管道伸缩节。

4）流体的流动方向和流量计的箭头方向一致。

5）在电磁流量计附近应无强电磁场干扰。

6）在流量计附近应有充裕的空间，以便安装和维护。

7）若测量管道有振动，在电磁流量计的两边应有固定的支座。

8）测量不同介质的混合液体时混合点与流量计之间的距离最少要有 30 倍管道直径的长度。

9）为方便流量计的检修与维护，应安装旁通管道。

10）如安装聚四氟乙烯内衬的流量计时，连接两法兰的螺栓应用力矩扳手匀拧紧，否则容易压坏聚四氟乙烯内衬。

（3）安装具体要求。

1）电磁流量计应安装在水平管道较低处和垂直向上处，避免安装在管道的最高点和垂直向下处，安装要求 1 如图 4-37 所示。

2）电磁流量计应安装在管道的上升处，安装要求 2 如图 4-38 所示。

3）电磁流量计在开口排放管道安装，应安装在管道的较低处，安装要求 3 如图 4-39 所示。

4）若管道落差超过 5 m 时，在电磁流量计的下游安装排气阀，安装要求 4 如图 4-40 所示。

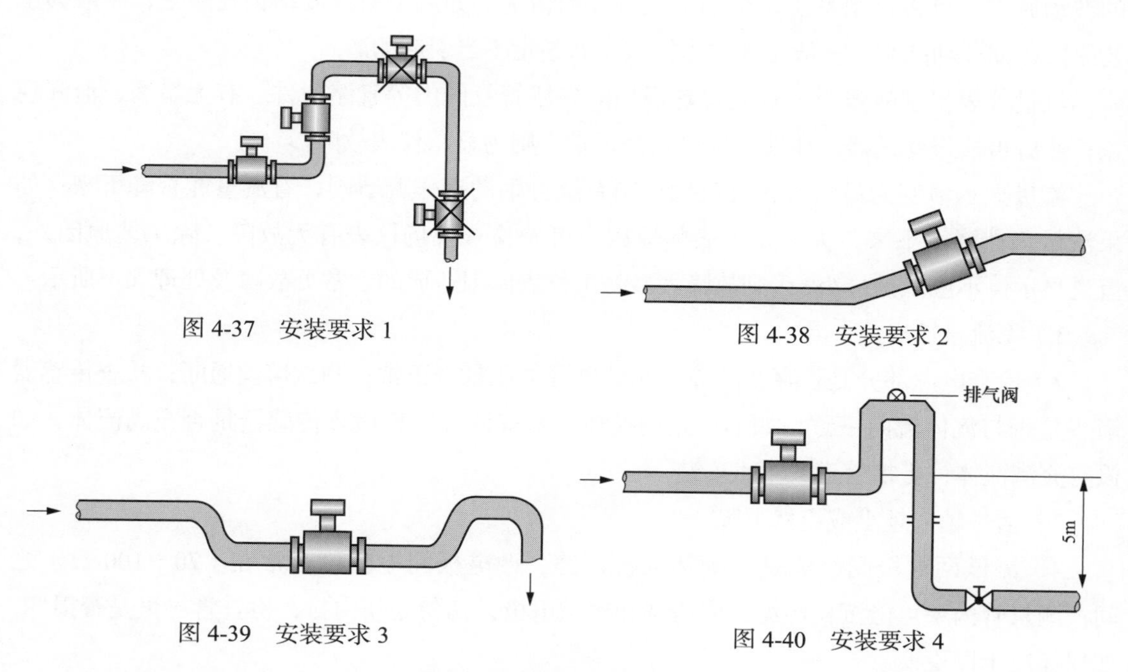

图 4-37 安装要求 1

图 4-38 安装要求 2

图 4-39 安装要求 3

图 4-40 安装要求 4

5）应在传感器的下游安装控制阀和切断阀，而不应安装在电磁流量计上游，安装要求 5 如图 4-41 所示。

6）电磁流量计绝对不能安装在泵的进出口处，应安装在泵的出口处，安装要求 6 如图 4-42 所示。

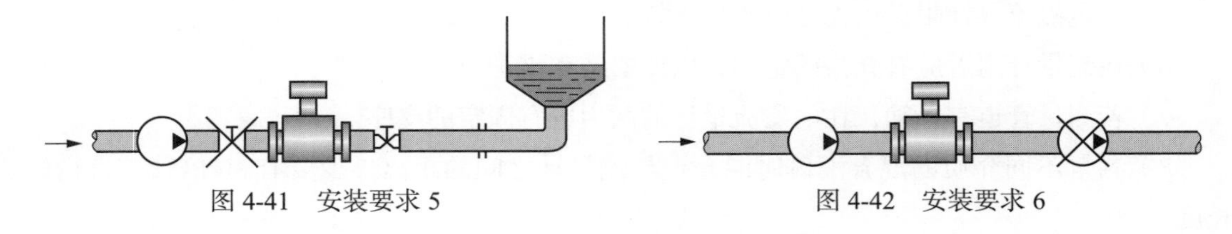

图 4-41　安装要求 5　　　　图 4-42　安装要求 6

7）在测量井内安装流量计的方式，安装要求 7 如图 4-43 所示。

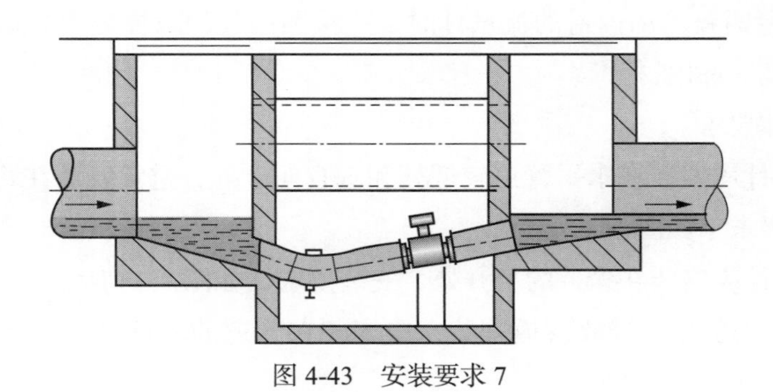

图 4-43　安装要求 7

（4）常见故障及处理。与其他参数相比，流量参数的波动较频繁，为了判断流量参数的波动原因，可将控制系统切至手动观察波动情况，如流量曲线波动仍较频繁，一般为工艺原因；如波动减小，一般是仪表原因或参数整定不当引起的。

流量仪表出现故障时，首先检查现场的导压管及阀门等管路附件，有无堵塞、泄漏现象；然后再检查变送器，如果现场仪表都正常，则为显示仪表故障。

流量显示值变为最大时，对流量控制系统可手动操作调节阀，看流量能否降下来；如果流量仍然降不下来，大多是仪表的原因，可先检查现场仪表有无故障。除工艺原因外，流量显示值不应该是最小，否则故障大多是由仪表原因造成的。常见故障及处理如下所示：

1）无流量输出。

2）检查电源部分是否存在故障，测试电源电压是否正常；测试熔丝通断；检查传感器箭头是否与流体流向一致，如不一致调换传感器安装方向；检查传感器是否充满流体，如没有充满流体，更换管道或垂直安装。

3）信号越来越小或突然下降。

4）测试两电极间绝缘是否破坏或被短路，两电极间电阻值正常在（70～100 Ω）之间；测量管内壁可能沉积污垢，应清洗和擦拭电极，切勿划伤内衬；检查管衬里是否损坏，如损坏应予以更换。

5）零点不稳定。

6）检查介质是否充满测量管及介质中是否存在气泡，如有气泡可在上游加装消气器，如水平安装可改成垂直安装；检查仪表接地是否完好，如不好，应进行三级接地（接地电阻小于或等于 100 Ω）；检查介质电导率不应小于 5 μS/cm；检查介质是否淤积于测量管中，清除时注意不要将内衬划伤。

7）流量指示值与实际值不符。

8）检查传感器中的流体是否充满管，有无气泡，如有气泡可在上游加装消气器；检查各接地情况是否良好；检查流量计上游是否有阀门，如有，移至下游或使阀门全开；检查转换器量程设定是否正确，如不正确，重新设定正确量程。

9）示值在某一区间波动。

10）检查环境条件是否发生变化，如出现新干扰源及其他影响仪表正常工作的磁源或振动等，应及时清除干扰或将流量计移位；检查测试信号电缆，用绝缘胶带进行端部处理，使导线、内屏蔽层、外屏蔽层、壳体之间不相互接触；选用电磁流量计测量流量的流体必须是导电的，因此不导电的介质如气体、蒸汽、油类、丙酮等物质不能选用电磁流量计测量流量。

第五节　pH 值测量仪表

pH 值是石灰石－石膏湿法脱硫的一个重要参数，一方面，浆液 pH 值高低直接影响 SO_2 的吸收过程。pH 值越高，传质系数增加，吸收速度就快，但不利于石灰石的溶解，且系统设备结垢严重；pH 值越低，虽有利于石灰石的溶解，但是 SO_2 吸收速度会下降；当 pH 下降到 4 时，几乎不能吸收 SO_2 了。另一方面，pH 值还影响石灰石、$CaSO_4 \cdot 2H_2O$ 和 $CaCO_3 \cdot 1/2\ H_2O$ 的溶解度。随着 pH 值的升高，$CaCO_3$ 的溶解度明显下降，而 $CaSO_4$ 的溶解度则变化不大；随着 SO_2 的吸收，溶液 pH 值降低，溶液中 $CaCO_3$ 的量增加，并在石灰石颗粒表面形成一层液膜，而液膜内部 $CaCO_3$ 的溶解又使 pH 值上升，溶解度的变化使液膜中的 $CaCO_3$ 析出，并沉积在石灰石颗粒表面，形成一层外壳，使颗粒表面钝化；钝化的外壳阻碍了 $CaCO_3$ 的继续溶解，抑制了吸收反应的进行。因此，控制合适的 pH 值是保证系统良好运行的关键因素之一，是作业人员运行操作的重要依据。

一、测量原理

pH 值通常采用电位分析法进行测量，即用一个恒定电位的参比电极和测量电极组成一个原电池，原电池电动势的大小取决于氢离子的浓度，也取决于溶液的酸碱度。通常采用玻璃电极作为测量电极，甘汞电极或银一氯化银电极作为参比电极。当水溶液中的氢离子含量发生变化时，测量电极与参比电极之间的电动势也会发生相应的变化。

二、仪表组成

工业 pH 计测量一般包括 pH 电极、pH 电缆线、pH 变送器。其中 pH 电极采用复合电

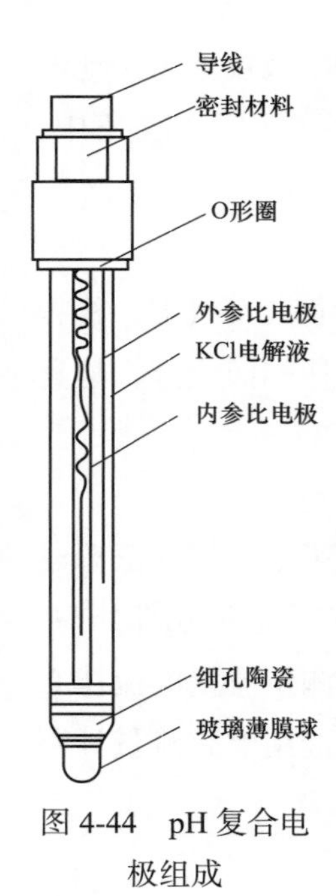

图 4-44　pH 复合电极组成

极，就是把 pH 玻璃电极和参比电极组合在一起，外壳为塑料的就称为塑壳 pH 复合电极；外壳为玻璃的就称为玻璃 pH 复合电极。pH 复合电极的结构主要由电极球泡、玻璃支持杆、内参比电极、内参比溶液、外壳、外参比电极、外参比溶液、液接界、电极帽、电极导线、插口等组成。pH 复合电极组成如图 4-44 所示。

（1）电极球泡：由具有氢功能的锂玻璃熔融吹制而成，呈球形，膜厚在 0.1～0.2 mm，电阻值小于 250（25 ℃）。

（2）玻璃支持管：支持电极球泡的玻璃管体，由电绝缘性优良的铅玻璃制成，其膨胀系数应与电极球泡玻璃一致。

（3）内参比电极：为银 / 氯化银电极，主要作用是引出电极电位，要求其电位稳定，温度系数小。

（4）内参比溶液：零电位是 pH 值为 7 的内参比溶液，是中性磷酸盐和氯化钾的混合溶液。玻璃电极与参比电极构成电池建立零电位的 pH 值，主要取决于内参比溶液的 pH 值及离子浓度。

（5）外参比电极：为银 / 氯化银电极，作用是提供与保持一个固定的参比电动势，要求电位稳定，重现性好，温度系数小。

（6）外参比溶液：为 3.3 mol/L 的氯化钾凝胶电解质，不易流失，无需添加。

（7）液接界：沟通外参比溶液和被测溶液的连接部件，要求渗透量稳定。

（8）电极塑壳：支持玻璃电极和液接界，并盛放外参比溶液的壳体，由聚碳酸酯塑压成型。

（9）电极导线：为低噪声金属屏蔽线，内芯与内参比电极连接，屏蔽层与外参比电极连接。

三、仪表安装

1. 管道安装

在石灰石 – 石膏湿法脱硫系统中，传统使用的 pH 计大多为探头直读式类型，其安装方式多为管道式安装，pH 计探头管道安装方式如图 4-45 所示。pH 计安装部位多在吸收塔本体、浆液循环泵管路、石膏排出泵管路三种形式。打开 pH 计入口阀门，pH 计即可投入使用，同时可以根据阀门开度调节液体流量，操作方便。但是在现场使用过程中，当阀门开度过小时，探头、管道内壁及弯管处极易出现结垢、堵塞现象。当阀门开度过大时，一方面会造成塔内浆液流失过多；另一方面由于浆液含固量较高，流速过快 pH 探头长期受到冲刷，极易出现磨蚀现象，严重影响使用寿命，在石膏排出泵管路上由于出口压力大，长期使用高速冲刷，pH 计探头磨损更快。

2. 箱式安装

通过安装测量箱，pH 计探头采用顶部安装方式进行测量，pH 计测量箱安装方式如

图 4-46 所示。箱式安装因浆液流速较慢可以减缓探头冲刷，同时结合冲洗，可有效避免浆液沉积。

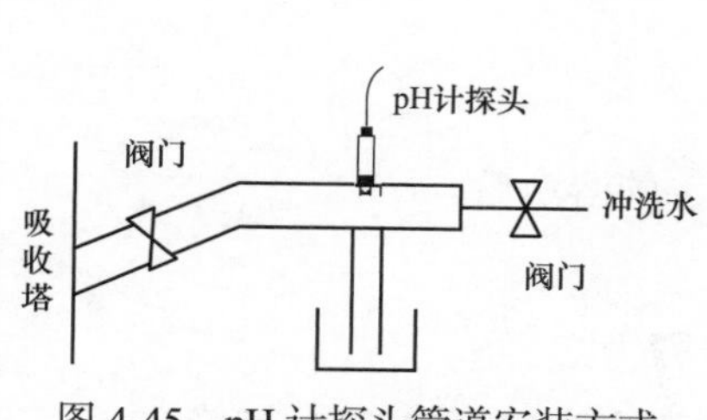

图 4-45　pH 计探头管道安装方式

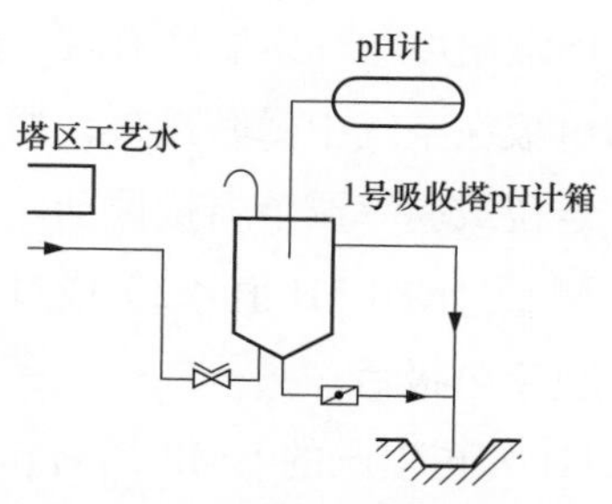

图 4-46　pH 计测量箱安装方式

四、日常使用与维护

1. 日常使用注意事项

（1）复合 pH 电极不用时，可充分浸泡在 3 mo1/L 氯化钾溶液中，切忌用洗涤液或其他吸水性试剂浸洗。

（2）使用前，检查复合 pH 电极前端的球泡。正常情况下，pH 电极应该透明而无裂纹；球泡内要充满溶液，无气泡。

（3）测量浓度较大的溶液时，尽量缩短测量时间，使用后要仔细清洗，防止被测液黏附在复合 pH 电极上而污染 pH 电极。

（4）清洗复合 pH 电极后，不要用滤纸擦拭玻璃膜，而应用滤纸吸干，避免损坏玻璃薄膜、防止交叉污染，影响测量精度。

（5）测量中注意复合 pH 电极的银 / 氯化银内参比 pH 电极应浸入到球泡内氯化物缓冲溶液中，避免电计显示部分出现数字乱跳现象。使用时，注意将 pH 电极轻轻甩几下。

（6）pH 电极不能用于强酸、强碱或其他腐蚀性溶液。

（7）严禁在脱水性介质如无水乙醇、重铬酸钾等中使用。

2. 日常保养

（1）电极浸泡。复合电极需要浸泡在 pH 为 4 的 KCl 缓冲液中，这样才能对玻璃球泡和液界接面同时起作用。复合 pH 电极头部装有一个密封的小瓶，内装电极浸泡液，电极头长期浸泡在其中，使用时拔出洗净即可。

（2）电极清洗。电极长时间使用后，响应时间可能会变慢或产生噪声，需要进行清洗以改善其测量性能。当球泡和液接面污染比较严重时，可以先用溶剂清洗，再用去离子水洗去溶剂，最后将电极浸入浸泡液中活化。

（3）电极老化处理。pH 计玻璃电极的老化与胶层结构渐进变化有关，旧电极响应迟缓，膜电阻高，斜率低。使用氢氟酸侵蚀掉外层胶层，可改善电极活性。

五、pH 计校准

pH 计校准周期一般为每月一次。若遇到下列情况，仪器需要重新标定：

（1）溶液温度与标定温度有较大的差异时。

（2）电极在空气中暴露过久，如 30 min 以上。

（3）定位或斜率调节器被误动。

（4）测量过酸（pH 值<2）或过碱（pH 值>12）的溶液后。

（5）更换电极后。

以 E+H 公司生产的 CMP 系列 pH 为例，标定步骤为：

（1）按 CAL 键，显示 code，然后按 +/– 调整数字码到 22，按 CAL 键确认。

（2）界面显示 CALIBRAT，即开始标定。

（3）长按 CAL 键出现 BUFFER1 6.86，这是显示的标定的第一个点，仪器默认标定液的 pH 值为 6.86；如果用户手中的是其他 pH 值的标定液，按 +/– 修改 pH 值为用户的标定液。

（4）然后按 CAL 键两下，这时屏幕开始闪烁，证明正在标定第一个点。

（5）闪烁完成后，仪表会自动跳到界面 BUFFER2 4.00，这是显示的标定的第二个点，仪器默认标定液的 pH 值为 4；如果用户手中的是其他 pH 值的标定液，按 +/– 修改 pH 值为用户的标定液。

（6）然后按 CAL 键两下，这时屏幕开始闪烁，证明正在标定第二个点。

（7）闪烁完成，即标定过程完成，屏幕显示 Slope，上方的数字为标定斜率。

（8）按 CAL 键一下屏幕显示标定零点。

（9）再按 CAL 键一下，显示 STATUS，上方显示 OK.18，这表示标定成功。

（10）再按 CAL 键一下，仪表回到测量状态。

六、pH 计常见故障诊断

pH 计常见故障诊断见表 4-10。

表 4-10　　pH 计常见故障诊断

序号	可能引起的原因	处理办法
1	固定的、错误的测量值	
	电极未浸到溶液中或电极的保护帽未去掉	检查安装情况去掉保护帽
	测量装置内有空气	检查测量装置和安装情况
	仪表与地短路	检查仪表的绝缘性，包括装缓冲液的容器缓冲液
	玻璃膜开裂	更换电极
	不正常的仪表操作状态（对按键没有响应）	关掉仪表电源并送回，如果是电磁兼容问题：检查接地和整条线路是否存在问题
2	测得的 pH 值不对	

续表

序号	可能引起的原因	处理办法
	没有或温度补偿不对	启动温度补偿功能（ATC）功能
	介质的电导率太低	选择带盐容器的或液态 KCl 的 pH 电极
	流速太快	降低流速或在旁通管内测量
	介质的电动势问题	试一试将参比电极接地，问题主要发生在塑料管线上
	电极脏污或被污物	清洗电极，严重脏污的介质：使用清洗喷头覆盖
3	测量值波动	
	测量电缆受到干扰	按照接线图确实将屏蔽线接好
	输出信号电缆受到介质的电动势干扰	检查整个电缆，尽可能将输入输出信号电缆干扰分开，采用对称型接法测量
4	没有 pH/mV 电流输出信号	
	线路开路或短路	断开连线，将电极直接与仪表相连进行测量
5	固定的电流输出信号	
	电流处于模拟输出	关闭模拟输出状态
	处理器系统不同步	关断电源重新上电：如确实是电磁兼容性问题检查仪表安装情况

第六节 密度测量仪表

在石灰石－石膏湿法脱硫系统中，各种浆液浓度的测量和控制是一个非常重要的环节。运行过程中通过对浆液密度的测量，来反映实际浆液的浓度，通常需要测量石灰石浆液和吸收塔石膏浆液的密度，从而达到控制运行参数的目的，是脱硫运行非常关键的参考参数。因此对密度测量仪表的可靠性有较高的要求，主要体现在：安全、稳定、精度高、便于维护、易更换。

目前脱硫系统中使用的密度测量仪表主要有：科氏力质量流量计、音叉密度计、差压式密度计。

一、测量原理

1. 科氏力质量流量计测量原理

科氏力质量流量计是运用流体质量流量对振动管振荡的调制作用即科里奥利力现象为原理。科氏力质量流量计如图 4-47 所示，被测量的流体通过一个转动或者振动中的测量管，流体在管道中的流动相当于直线运动，测量管的转动或振动会产生一个角速度；由于转动或振动是受到外加电磁

图 4-47　科氏力质量流量计

场驱动，有着固定的频率，因而流体在管道中受到的科里奥利力仅与其质量和运动速度有关，而质量和运动速度的乘积就是需要测量的质量流量，因而通过测量流体在管道中受到的科里奥利力，就可以得到介质的密度。

科氏力质量流量计是一种直接测量封闭管道内流体质量流量的测量仪表，可同时测量流体流量和密度，是目前最常用测量吸收塔密度的仪表。

2. 音叉密度计测量原理

音叉密度计传感器是根据元器件振动原理而设计，此振动元件类似于两齿的音叉，叉体因位于齿根的一个压电晶体而产生振动，振动的频率通过另一个压电晶体检测出来，通过移相和放大电路，叉体被稳定在固有谐振频率上。音叉密度计如图 4-48 所示，当介质流经叉体时，因介质质量的改变，引起谐振频率的变化。介质的密度与振动频率符合下列数学公式：

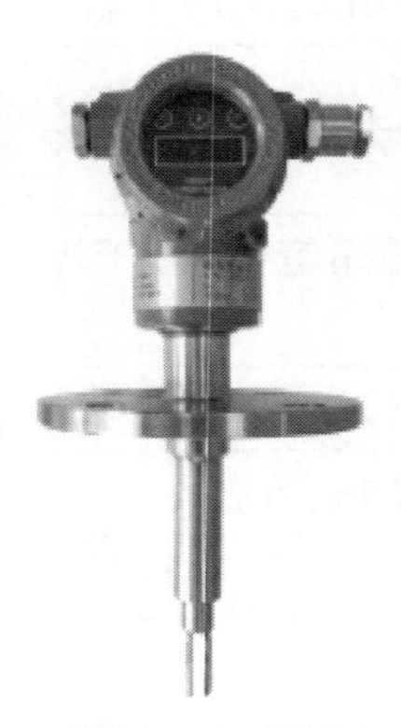

图 4-48　音叉密度计

$$D=K_0+K_1T+K_2T_2$$

式中　D——被测介质的密度；

T——叉体的固有频率；

T_2——被测介质流经叉体时的频率；

K_0、K_1、K_2——常数。

按此公式，通过电子处理单元即可计算出准确的介质密度值。

3. 差压式密度测量原理

差压式密度计为间接测量密度，实际就是差压变送器。在吸收塔等罐体底部位置附近，选择上、下两处固定高度，分别开孔，然后上、下分别安装双法兰隔膜式压力变送器（变送器也可用来测量液位）；通过计算固定高度液柱静压，利用公式 $\Delta p=\rho g\Delta h$，在高度已知情况下，计算得出密度。由于吸收塔内浆液分布不均匀，且又受到循环泵和搅拌器的影响，因此差压法测量的吸收塔密度值常作为参考比对。差压式密度测量如图 4-49 所示。

二、设备安装

密度计的安装直接影响测量的准确性，在安装时尽可能选择符合设备安装要求的位置，同时还要考虑测量介质容易沉积堵塞的特性。

1. 科氏质量流量计安装注意事项

（1）科氏力质量流量计的测量管必须保证满管。

（2）如果密度下降到定义的空管密度限值以下，密度计会触发“空管检测”警告。

（3）最佳安装位置：垂直管道，流量朝上；好的安装位置：水平安装，在管道的低点。科氏力质量流量计正确的安装方式如图 4-50 所示。

（4）安装时要避免安装在管道最高点，避免直接安装在直接排放的垂直管道。科氏力质量流量计不正确的安装方式如图 4-51 所示。

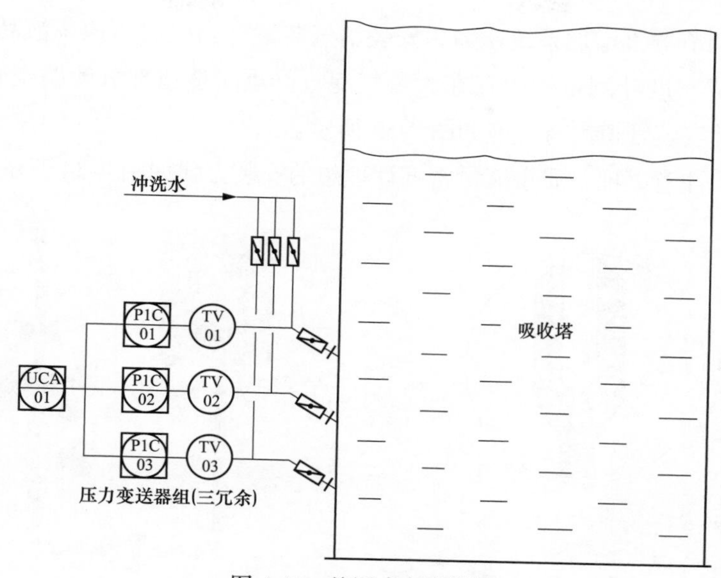

图 4-49　差压式密度测量

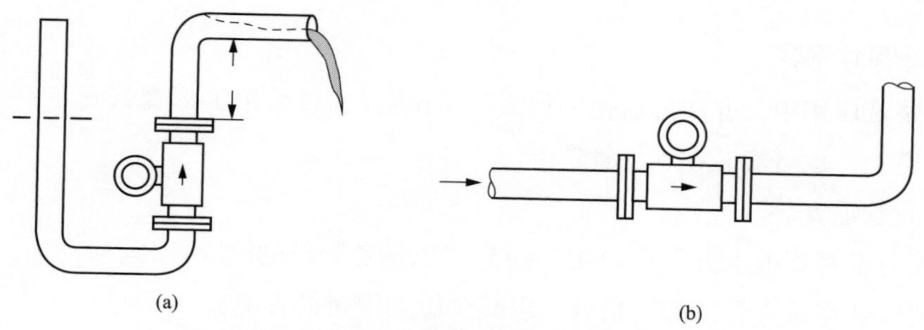

图 4-50　科氏力质量流量计正确的安装方式

（a）垂直安装；（b）水平安装

（5）若安装在直接排放的出口不可避免，需要减少出口的直径，可以考虑加装管道节流器或者孔板。安装在排放口的科氏力质量流量计如图 4-52 所示。

（6）安装时应避免管道内有气泡，会严重影响测量的准确性。所以要尽量避免两相流

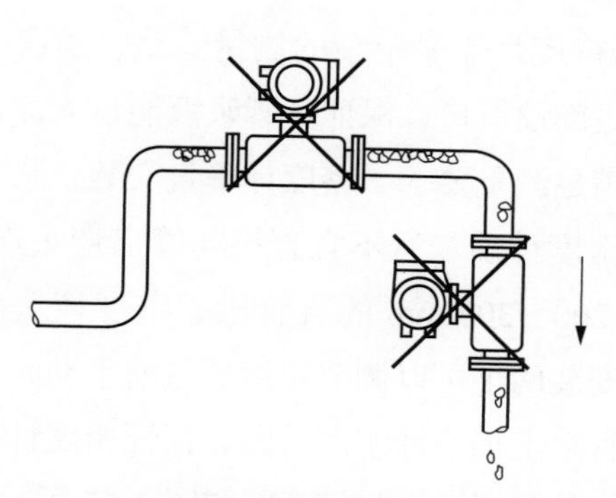

图 4-51　科氏力质量流量计不正确的安装方式

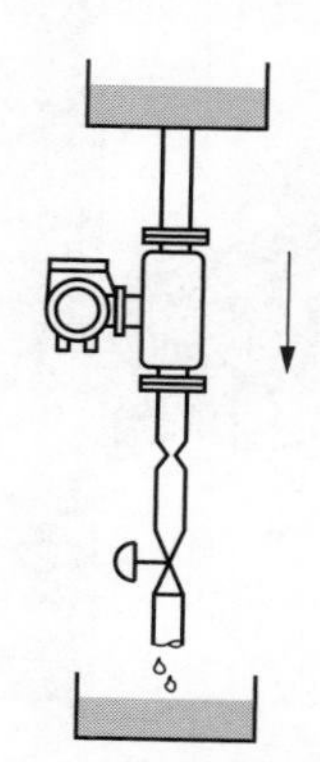

图 4-52　安装在排放口的科氏力质量流量计

出现，安装流量调节器，增加系统压力，安装消气装置；当吸收塔内浆液品质不好，有气泡现象时，会造成密度计测量管内存在大量气泡，严重时造成部分管路空管，影响测量。科氏力质量流量计安装管道内有气泡如图 4-53 所示。

（7）综合以上注意事项，质量流量密度计理想的安装方式如图 4-54 所示。

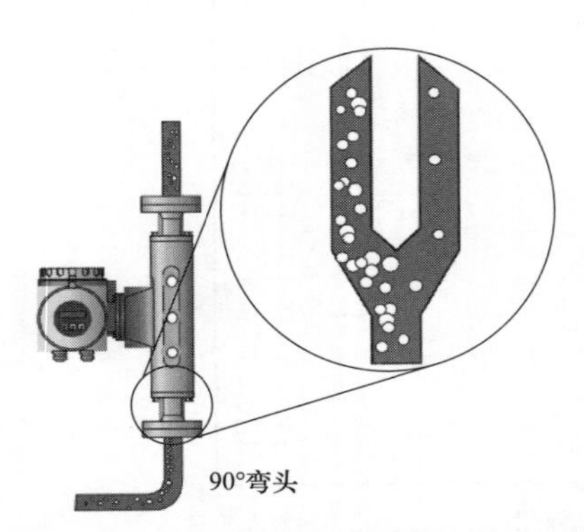

图 4-53　科氏力质量流量计安装管道内有气泡

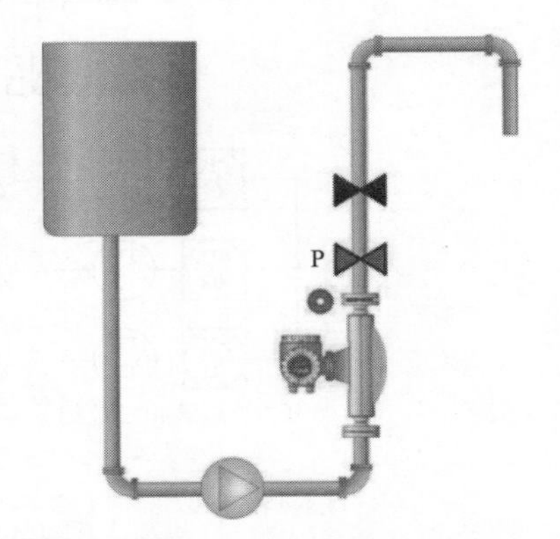

图 4-54　质量流量密度计理想的安装方式

2. 音叉密度计安装

在脱硫浆液应用中，介质的流速一般大于 2 m/s，建议采用 T 形套管安装，一般建议安装在垂直管道上，也可安装在水平管道上。

（1）垂直管道安装。

1）套管与垂直管道上方夹角为 45° ± 15°，以避免颗粒的沉降。

2）不要安装在垂直管道的转角处，以减少脉动流量的影响。

（2）水平管道安装。

1）管道与水平面夹角要大于 30°，以避免颗粒的沉降。

2）所处位置是相邻管道的低点，使套管位置能够保持充满状态。

（3）安装注意事项。

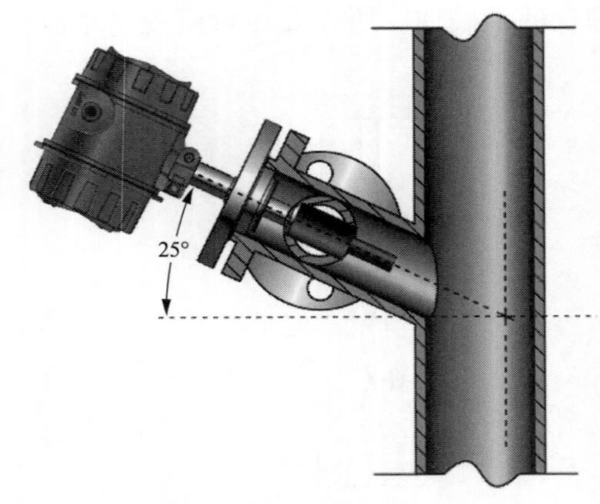

图 4-55　音叉密度计安装示意图

1）仪表安装必须在主管道上，插入深度为管道中心线 1/2～2/3 处。

2）若密度计需要单独的测量管路，建议安装于吸收塔底部预留口，保证石膏浆液能自流，且流速、压力满足测量要求。密度计垂直安装，浆液下进上出，密度计前、后不宜直接与管道弯头连接，必须留有 200～300 mm 的直管段。密度计上游和下游分别安装两个可以调节浆液流量的手动阀；同时在测量管路上加装冲洗水管路，保证密度计能定期冲洗。音叉密度计安装示意图如图 4-55 所示。

3. 差压法密度测量安装

差压法密度测量安装同吸收塔液位测量，一般采用 3 台隔膜压力变送器进行测量，其中 2 台平行安装于吸收塔底部，另外 1 台高于其他 2 台安装。需要注意的是 3 台液位计均需要安装冲洗水和入口手动关断阀。

三、密度计日常维护及故障处理

1. 密度计日常维护

（1）保证测量管的满管状态，否则影响测量精度。

（2）科氏力质量流量计水平安装时注意两弯管的平衡度。

（3）注意科氏力质量流量计的测量管内黏附流体沉积物，不少于 1 次 /4 h 的冲洗，每次冲洗时间不小于 5 min。

（4）测量管堵塞后需要拆卸清理，拆卸过程需避免碰伤测量管口，拆卸前需要将仪表断电。

（5）严格避免使用超过或接近仪表耐温上限温度的蒸汽吹扫。

（6）科氏力质量流量计流量应控制在 5～10 m^3/h，可以通过调整流量计出、入口手动阀门开度至合格范围，并检查是否有故障报警。

（7）插入式密度计主管道流速控制在 0.3～0.5 m/s，调节出入口阀门开度控制浆液流速。

（8）随机组检修时，对质量流量计内部或音叉密度计拆除检查测量管路及传感器部分的磨损及冲刷情况。

2. 密度计故障处理

（1）科氏力质量流量计故障处理，见表 4-11。

表 4-11　科氏力质量流量计故障及处理

常见问题	可能原因	处理措施
密度显示过高	密度计管路堵塞	疏通管路、调节密度计后阀门开度控制浆液流速
无就地表头显示无至 DCS 信号输出	（1）检查电源。 （2）熔丝熔断。 （3）传感器磨损、断裂。 （4）表头变送器部分板件损坏或插件接线松动	（1）万用表测量电源，接线正确。 （2）更换匹配的熔丝。 （3）检查传感器更换。 （4）各板件接插线检查紧固，板件更换
无就地表头显示有至 DCS 信号输出	显示模块损坏或插件不牢固	各板件接插线检查紧固，板件更换
有就地表头显示无至 DCS 信号输出	（1）传感器磨损、断裂。 （2）检查故障代码	（1）检查传感器更换。 （2）根据故障代码更换板件及返厂维修

续表

常见问题	可能原因	处理措施
测量不准确	（1）电磁干扰。 （2）有气泡。 （3）管道振动大。 （4）接线错误。 （5）管道未满管。 （6）设置错误。 （7）通水偏差大。 （8）其他问题	（1）接地良好或者信号加装隔离。 （2）选择更好的安装位置，测量介质相对较为稳定（远离搅拌器处或者泵的入口处）。 （3）选取合适的安装位置，防止振动过大损坏设备。 （4）接线及电源校对。 （5）调节流量保证管道满管，密度计垂选择直安装，或在密度计下游安装节流孔板，保证管道压力。 （6）DCS 的量程、单位应与就地设置一致。 （7）通水校准标定。 （8）设备的选型与实际的管径、介质及材质要求不一致，或者设备损坏更换

（2）音叉密度计故障处理，见表 4-12。

表 4-12　　音叉密度计故障及处理

常见问题	可能原因	处理措施
测量时读数不稳定	（1）浆液中有气泡。 （2）浆液流速过快。 （3）音叉处有浆液沉积。 （4）管线有振动	（1）适当增加密度计的密度阻尼值。 （2）通过增加节流孔板或在出入口加装手动门调节浆液流速。 （3）对密度计进行冲洗或将密度计拆卸后清洗音叉。 （4）增加管道固定装置
测量值偏高	（1）音叉处有浆液沉积。 （2）温度测量不准确	（1）对密度计进行冲洗或将密度计拆卸清洗音叉。 （2）检查密度计内置温度传感器温度读数；检查增加管道保温
测量值偏低	（1）管道或连接件处有泄漏。 （2）温度测量不准确。 （3）浆液中有气泡	（1）检查管道及连接件是否有泄漏。 （2）检查密度计内置温度传感器温度读数，检查增加管道保温。 （3）适当调节浆液流速，增加密度计的阻尼值

第五章 执 行 机 构

发电厂脱硫装置执行机构使用气体、电力通过气缸、电机或其他装置来产生驱动力。基本的执行机构用于把阀门驱动至全开或全关的位置，用于控制阀的执行机构能够精确的使阀门走到指定位置。尽管大部分执行机构都是用于开关阀门，但是执行机构中还整合了更多的功能，其中包含位置感应装置、力矩感应装置、电极保护装置、逻辑控制装置、数字通信模块及 PID 控制模块等，将这些装置全部安装在一个紧凑的外壳内。

第一节 电 动 执 行 机 构

电动执行机构，又称电动执行器、电装、电动头，是自动控制领域常用的一种机电一体化设备（器件）。主要是对一些阀门、挡板等设备进行自动操作，控制其开关和调节，代替人工作业。

一、工作原理、结构及作用

电动执行机构包括伺服放大器及执行机构两大部分，其中执行机构又分为电机、减速器及位置发送器三大部件，电动执行机构的构成如图 5-1 所示。

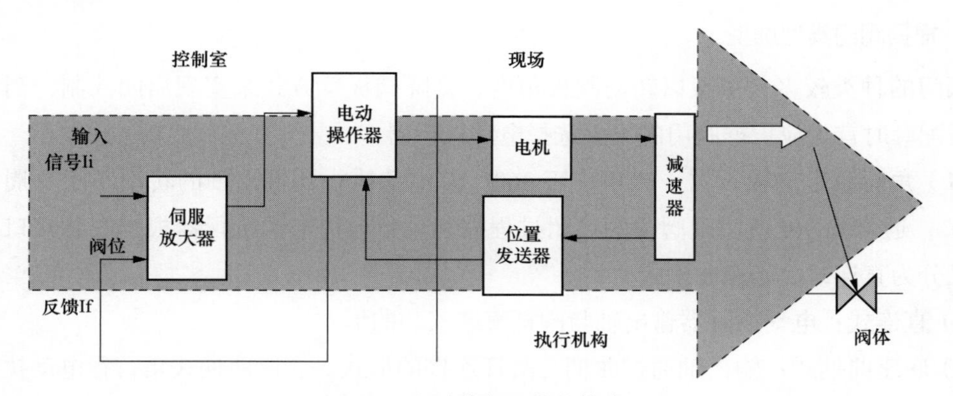

图 5-1 电动执行机构的构成

来自 DCS 的电流信号（4～20 mA）作为伺服放大器的输入，与阀的位置反馈信号进行比较，当输入信号和反馈信号比较差值不等于零时，其差值经伺服放大器放大后，控制电机按相应的方向转动，再经减速器减速后使输出轴产生位移，同时，输出轴位移又经位置发送器转换成阀的反馈信号至DCS；当反馈信号与输入信号相等时，伺服放大器无输出，电机不转动。电动执行机构的输出轴位移和输入信号呈线性关系。

电机：接受伺服放大器或电动操作器输出的开关电源，把电能转化为机械能，从而驱动执行机构动作。

减速器：作用是将电机的高转速、小转矩转换为低转速、大转矩的输出功率，以带动阀门机构动作。减速器上有手动部件、输出轴、机械限位块。

位置发送器：将阀位变换成4～20 mA信号用于传送。常见的传感器有电位器、非接触式霍尔传感器、非接触式编码器。减速器输出轴的转角位移与位置发送器的输出电流呈线性关系。

伺服放大器：伺服放大器是由电器元件组成的电子线路板构成，电动执行机构的指令信号与阀位反馈信号的比较放大靠这些电子线路板的运行来实现。

二、电动执行器分类

（1）按输出型分为角行程、直行程、多回转三种形式。

1）角行程：输出力矩和90°转角，用于控制蝶阀、球阀、百叶阀、风门、旋塞阀、挡板阀等。在脱硫系统中，最常用的为90°角行程蝶阀。

2）直行程：输出推力和直线位移，用于单、双座调节阀、套筒阀、高温高压给水阀、减温水调节阀。

3）多回转：输出力矩和超过360°的转动，用于控制各类闸板阀、截止阀、高温高压阀、减温水阀及需要多圈转动的其他调节阀。

（2）按控制模式可分为开关型和调节型两种形式。

三、电动执行器选型

1. 根据阀门类型选型

阀门的种类较多，一般以转动阀板角度、升降阀板等方式来实现启闭控制，当与电动执行器配套时首先应根据阀门的类型选择电动执行器。

（1）角行程电动执行器（转角小于360°）。电动执行器输出轴的转动小于一周，即小于360°，通常为90°就实现阀门的启闭过程控制。角行程电动执行器根据安装接口方式的不同又分为直连式、底座曲柄式两种。

1）直连式：电动执行器输出轴与阀杆直连安装的形式。

2）底座曲柄式：输出轴通过曲柄与阀杆连接的形式。底座曲柄式角行程电动执行器适用于蝶阀、球阀、旋塞阀等。

（2）多回转电动执行器（转角大于360°）。电动执行器输出轴的转动大于一周，即大于360°，一般需多圈才能实现阀门的启闭过程控制。多回转电动执行器适用于闸阀、截止阀等。

（3）直行程（直线运动）。电动执行器输出轴的运动为直线运动式，不是转动形式。直行程电动执行器适用于单座调节阀、双座调节阀等。

2. 根据生产工艺控制要求选型

电动执行器按控制模式一般分为开关型（开环控制）和调节型（闭环控制）两大类。

（1）开关型（开环控制）。开关型电动执行器一般实现对阀门的开或关控制，阀门要么处于全开位置，要么处于全关位置，此类被控阀门不需对介质流量进行精确控制。

（2）调节型（闭环控制）。调节型电动执行器不仅具有开关型一体化结构的功能，还能对阀门进行精确控制，从而精确调节介质流量，如脱硫供浆系统中供浆调节阀。下面就调节型电动执行器选型时需注明的参数做简要说明。

1）控制信号类型（电流、电压）。调节型电动执行器控制信号一般有电流信号（4～20 mA、0～10 mA）或电压信号（0～5 V、1～5 V），选型时需明确其控制信号类型及参数。

2）工作形式（电开型、电关型）。调节型电动执行器工作方式一般为电开型（以 4～20 mA 的控制为例，电开型是指 4 mA 信号对应的是阀关，20 mA 对应的是阀开）；另一种为电关型（以 4～20 mA 的控制为例，电开型是指 4 mA 信号对应的是阀开，20 mA 对应的是阀关）。一般情况下选型需明确工作形式。

3）失信号保护。失信号保护是指因线路等故障造成控制信号丢失时，电动执行器将控制阀门启闭到设定的保护值，常见的保护值为全开、全关、保持原位三种情况，且出厂后不易修改。智能电动执行器可以通过现场设定进行灵活修改，并可设定任意位置（0%～100%）为保护。

3. 根据阀门所需的扭力确定选型

阀门启闭所需的扭力决定着电动执行器选择多大的输出扭力，一般由使用者提出或阀门厂家自行选配，作为执行器厂家只对执行器的输出扭力负责；阀门正常启闭所需的扭力由阀门口径大小、工作压力等因素决定，但因阀门厂家加工精度、装配工艺有所区别，所以不同厂家生产的同规格阀门所需扭力也有所区别，即使是同个阀门厂家生产的同规格阀门扭力也有所差别；当选型时执行器的扭力选择太小就会造成无法正常启闭阀门，因此电动执行器必须选择一个合理的扭力范围。

4. 根据所选电动执行器确定电气参数

因不同执行器厂家的电气参数有所差别，所以设计选型时一般都需确定其电气参数，主要有电动机功率、额定电流、二次控制回路电压等。往往由于在这方面的疏忽，造成控制系统与电动执行器参数不匹配，导致工作时空气开关跳闸、熔丝熔断、热过负荷继电器保护起跳等故障现象。

5. 根据使用场合选择外壳防护等级、防爆等级

（1）外壳防护等级。外壳防护等级是指电动执行器的壳体防外物、防水等级，以字母

IP 后加两位数表示，第一位由 1～6 表示防外物等级；第二位由 1～8 表示防水等级。

（2）防爆等级。防爆等级是指在可能出现爆炸性气体、蒸汽、液体、可燃性粉尘等而引起火灾或爆炸危险的场所时，必须对电动执行器提出防爆要求，根据不同的应用区域选择防爆形式和类别。防爆等级可通过防爆标志 EX 及防爆内容来表示（参考 GB 3836.2—2000《爆炸性环境　第 2 部分：由隔爆外壳“d”保护的设备》）。防爆标志内容包括：防爆形式 + 设备类别 +（气体组别）+ 温度组别。

四、电动执行故障及处理

（1）执行器阀杆无输出。

1）检查手动是否可以操作。手自动离合器卡死在手动位置，则电机只会空转。

2）检查电动机是否转动。

3）手动、电动均不能操作，可以考虑是阀门卡死。

4）解开阀门连接部分，如果阀门没有卡死，检查轴套是否已经卡死、滑丝或松脱。

（2）在阀门全开 / 全关时不能停留在设定的行程位置，阀杆与阀体发生顶撞；“开 / 关阀限位 LO/LC”参数已丢失，应重新设定，或将参数“力矩开 / 关”更改为“限位开 / 关”。

（3）显示阀位与实际阀位不一致，重新设定后，动作几次，又发生漂移，应更换计数器板。

（4）执行器工作，但没有阀位指示，检查计数器，可能圆形磁钢坏了或计数器板坏了。

1）如果接线端子没有 4～20 mA 电流信号输出，可以考虑更换信号反馈板。

2）若反馈信号由机械凸轮转动，微动开关动作发出，则需要检查或更换开关。

（5）远控 / 就地均不动作，或电动机单向旋转，不能限位。

1）检查手自动离合器有没有卡死，电动机有没有烧毁。

2）检查电动机电源接线是否正确或三相电源是否不平衡。

（6）远控 / 就地均不动作，测量电动机绕组，如果发现过热保护动作、电磁反馈开路，则电动机已烧毁。

（7）远控 / 就地均不动作，用设定器检查，故障显示：“力矩开关跳断”或“没有电磁反馈”；测试（固态）继电器没有输出，更换继电器控制板或电源板组件。

（8）三相电源一送就跳闸，继电器控制板有问题或电机线圈已烧毁。

（9）因电源电压高于 400 V 以上，熔丝熔断，检查电源板硅整流块是否正常。若电压变压器初级电阻过低，可更换电源板组件或电源变压器。

（10）背景灯不亮，检查三相电源正常，可能是执行器的熔丝已熔断或主板电源线松动未插好。

（11）不带负荷时一切正常；带负荷时，开阀正常，关阀到 40% 左右就停转关力矩故障，且“关力矩值”已设为 99，同时用手轮可以关到位。或者使用初期可以关到位，用一段时间就出现以上故障情况，判断电动执行器选择偏小，建议更换更大扭矩的执行器。

（12）手动正常，手自动离合器卡簧在手动方向卡死；可拆卸手轮，释放卡簧，重新装配好。

（13）执行器远控 / 就地均不能动作，开 / 关到位指示灯闪烁，检查电池电压过低。执行器在主电源掉电时，已丢失设定的参数。更换电池，重新设置。

（14）执行器动作正常，但无阀位反馈，把反馈回路断开，反馈信号正常。这种现象属于接电缆故障，需要更换电缆。

（15）执行器动作过程中力矩保护跳断，增大开 / 关力矩的值设定；若故障依旧，检查执行器润滑油是否已干，阀门是否卡死。

（16）阀门关不死，重新设定行程限位；若重新设定后故障依旧，则判断为阀门故障。

（17）执行器设定及动作正常，但始终不能超越某一行程位置；可以判断为阀门卡涩或减速箱机械限位设定反了，可用手动检查并重新设定。

（18）动作过程中，电机振动、时走时停、转速变慢；手自动离合器没有故障，应更换（固态）继电器，再做检查。

（19）执行器手 / 自动时，显示阀位不变化，反馈也不变化，“开 / 关阀限位 LO/LC”参数不能被设定，可以判断为主板已坏，更换主板。

（20）通电后发现电源板上的硅整流块很快发热，或个别元件已烧损，需要更换主板。

（21）执行器远控 / 就地均不能动作，不接收设定信号；可能是开关坏了，开关内的磁钢破碎或丢失。手动时，能显示阀位。更换主板，继电器控制板。

（22）电动执行器就地电动不动作。

1）如果阀门电动执行器出现故障，排除故障时应先看是否过力矩，报警符号是否出现，手摇是否沉重。若判断为过力矩，则可以认定为机械问题，需要检查机械卡涩等。

2）如果认定为电气问题：电源是否正常，是否缺相；熔丝熔断否；旋钮是否正常；内部接插件是否正常；接下来判断各板件是否正常。依次更换内部电气板件，并进行检查判断。

（23）电动执行器就地能动，远方不能动。

1）如果在现场第一次调试，则首先判断短接线是否接好。常见的是短接线没有接或接的端子错误。

2）输入信号是否正常，常见的是输入信号极性接反。

（24）电动执行器显示屏出现执行器报警图标。

1）检查电池是否有电，电动机温度保护是否跳，短电源是否正常，把主板上线拔掉，等一会再恢复看能否解决问题。

2）如果还不行，更换执行器主板或电源板。

（25）电动执行器手动时摇不动。

1）检查手轮工作状态，手轮是否损坏、滑丝或者卡涩。

2）拆下电动执行器，再操作手轮，若仍然摇不动，可能是手轮机械部分损坏，需要拆卸更换。

（26）电动执行器电源送不上。

1）现象是电源送上后，执行器没电，显示屏不亮。首先从接线端子测量，看 380 V 电源是否缺相，若正常，再打开控制箱罩盖，测量 380 V 是否正常；若不正常，则判断是葵花接线端子盘背面的接线脱落，需要拆掉葵花接线端子盘修复。

2）如果电源正常，则检查熔丝是否熔断，电源板上的短接片是否脱落。

（27）指示灯故障。

1）给电动执行机通电后发现电源指示灯不亮，伺放板无反馈，给信号不动作。

因电源指示灯不亮，首先检查熔断器是否开路，经检查熔断器完好，综合故障现象，可以推断故障有可能发生在伺放板的电源部分；接着检查电源指示灯，用万用表检测发现指示灯开路，更换指示灯后故障排除。

2）电动执行器的执行机构通电后，远方打开正常，关闭不动作。

先仔细检查反馈线路，确认反馈信号无故障，给开信号时开指示灯亮，说明开正常；给关信号时关指示灯不亮，说明关晶闸管部分有问题。首先检查关指示灯，用万用表检测发现关指示灯开路，将其更换后故障排除。

第二节　气动执行机构

气动执行器俗称气动头，又称气动执行器（pneumatic actuator），以压缩空气为动力，是开启和关闭球阀、蝶阀等角行程阀门的驱动装置，是实现管道远距离集中或单独控制工业自动化管路的装置。

气动执行器的执行机构和调节机构是统一的整体，其执行机构有薄膜式、活塞式、拨叉式和齿轮齿条式。活塞式行程长，适用于要求有较大推力的场合；而薄膜式行程较小，只能直接带动阀杆；拨叉式气动执行器具有扭矩大、空间小、扭矩曲线更符合阀门的扭矩曲线等特点，但是不很美观，常用在大扭矩的阀门上。齿轮齿条式气动执行机构有结构简单，动作平稳可靠，并且安全防爆等优点，在发电厂、化工，炼油等对安全要求较高的生产过程中有广泛的应用。

一、工作原理

1. 双作用气动执行器工作原理

当气源压力从气口“2”进入气缸两活塞之间中腔时，使两活塞分离向气缸两端方向移动，两端气腔的空气通过气口“4”排出，同时使两活塞齿条同步带动输出轴（齿轮）逆时针方向旋转；反之气源压力从气口“4”进入气缸两端气腔时，使两活塞向气缸中间方向移动，中间气腔的空气通过气口“2”排出，同时使两活塞齿条同步带动输出轴（齿轮）顺时针方向旋转。如果把活塞相对反方向安装，输出轴即变为反向旋转。双作用气动执行器工作原理图如图 5-2 所示。

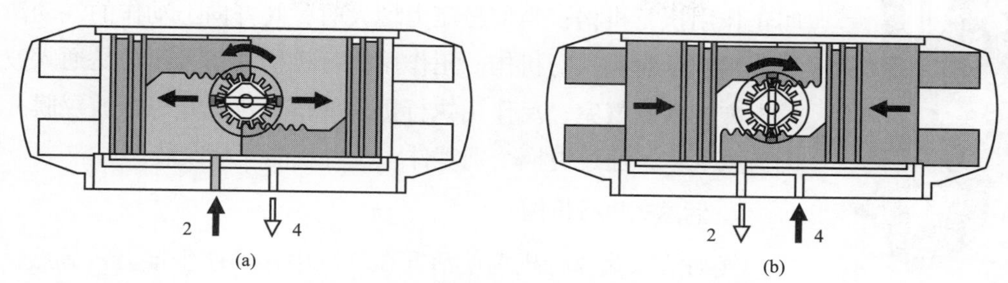

图 5-2 双作用气动执行器工作原理图

（a）双作用打开气动执行器；（b）双作用关闭气动执行器

2. 单作用气动执行器工作原理

当气源压力从气口“2”进入气缸两活塞之间中腔时，使两活塞分离向气缸两端方向移动，迫使两端的弹簧压缩，两端气腔的空气通过气口“4”排出，同时使两活塞齿条同步带动输出轴（齿轮）逆时针方向旋转；在气源压力经过电磁阀换向后，气缸的两活塞在弹簧的弹力下向中间方向移动，中间气腔的空气从气口“2”排出，同时使两活塞齿条同步带动输出轴（齿轮）顺时针方向旋转（如果把活塞相对反方向安装，弹簧复位时输出轴即变为反向旋转）。单作用气动执行器工作原理图如图 5-3 所示。

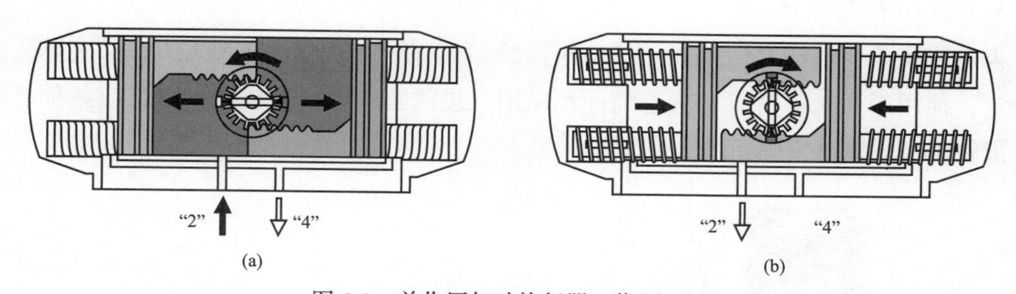

图 5-3 单作用气动执行器工作原理图

（a）单作用打开气动执行器；（b）单作用关闭气动执行器

二、气动执行机构分类

常用的气动执行机构可分为以下三类：

1. 薄膜式执行机构

薄膜式执行机构最为常用，可以用作一般控制阀的推动装置，组成气动薄膜式执行器。气动薄膜式执行机构的信号压力 p 作用于膜片，使膜片变形，带动膜片上的推杆移动，使阀芯产生位移，从而改变控制阀的开度。薄膜式执行机构结构简单，价格便宜，维修方便，广泛应用。薄膜式执行机构如图 5-4 所示。

图 5-4　薄膜式执行机构

气动薄膜执行机构有正作用和反作用两种形式。当来自控制器或阀门定位器的信号压力增大时，阀杆向下的动作的气动薄膜执行机构叫正作用执行机构；当信号压力增大时，阀杆向上动作的气动薄膜执行机构叫反作用执行机构。正作用执行机构的信号压力是通入波纹膜片上方的薄膜气室；反作用执行机构的信号压力是通入波纹膜片下方的薄膜气室，通过更换个别零件，两者就能互相改装。

2. 活塞式执行机构

气动活塞式执行机构使活塞在气缸中移动产生推力，显然，活塞式执行机构的输出力度远大于薄膜式执行机构。因此，薄膜式执行机构适用于出力较小、精度较高的场合；活塞式执行机构适用于输出力较大的场合，如大口径、高压降控制或蝶阀的推动装置。除薄膜式执行机构和活塞式执行机构之外，还有一种长行程执行机构，行程长，转矩大，适用于输出角位移和大力矩的场合。气动执行机构接收的信号标准为 0.02～0.1 MPa。

气动活塞式执行机构的主要部件为气缸、活塞、推杆。气缸内活塞随气缸内两侧压差的变化而移动，根据特性分为比例式和两位式两种。两位式根据输入活塞两侧操作压力的大小，活塞从高压侧被推向低压侧；比例式是在两位式基础上加以阀门定位器，使推杆位移和信号压力成比例关系。活塞式执行机构如图 5-5 所示。

3. 齿轮齿条式执行机构

齿轮齿条式（双活塞齿条式）气动执行器，具有结构紧凑，外观优美，反应迅捷，运行稳定，使用寿命长等特点。所有配件都采用先进的防腐蚀处理技术，能适应各种恶劣工况。齿轮齿条式执行机构如图 5-6 所示。

图 5-5　活塞式执行机构

图 5-6　齿轮齿条式执行机构

三、气动执行器选型

气动执行机构选型需考虑以下因素。

（1）阀门的运行力矩加上生产厂家的推荐的安全系数 / 根据操作状况。

（2）执行机构的气源压力或电源电压。

（3）执行机构的类型双作用或者单作用（弹簧复位）以及一定气源下的输出力矩或额定电压下的输出力矩。

（4）执行机构的转向以及故障模式（故障开或故障关）。

（5）正确选择一个执行机构是非常重要的，如执行机构力矩过大，阀杆可能受力过大；相反如执行机构过小，则不能产生足够的力矩来充分操作阀门。一般地说，我们认为操作阀门所需的力矩来自阀门的金属部件（如球芯，阀瓣）和密封件（阀座）之间的摩擦。根据阀门使用场合、使用温度、操作频率、管道和压差、流动介质（润滑、干燥、泥浆），许多因素均影响操作力矩。

四、气动执行机构的维护与检修

1. 气动执行机构的日常维护

（1）定期检查气动阀阀体有无漏气，阀座有无工作介质溢出，阀座固定螺钉是否有松动。

（2）定期检查反馈信号端子箱是否密封良好，有无进水的情况，端子是否紧固。

（3）定期检查电磁阀是否有漏气的情况，电磁阀线圈接头是否良好。

（4）定期检查减压阀是否漏气，定期排污。

（5）定期检查空气管路接头是否有漏气、松动。

（6）定期检查气动阀开关速度，适当调整。

（7）在检修作业前注意必须切断电源、气源，排空气缸气室内空气，手轮打至就地位置。

2. 气动执行机构常见故障处理

气动执行机构常见故障与处理方法见表 5-1。

表 5-1　　气动执行机构常见故障与处理方法

序号	现象	原因	处理方法
阀不动作			
1	无信号、无气源	空气压缩系统无输出	检查起源系统及管路，确保气路通畅、气压稳定
		气源管泄漏或气源阀门未打开	
2	有气源、无信号	调节器无输出	排查信号线路
		信号线故障（短路或断路）	
阀动作不稳			
1	气源压力不稳	仪表风系统压力不稳	检查仪表风系统及过滤减压装置
		过滤减压故障	

续表

序号	现象	原因	处理方法
2	气源信号稳定、阀动作不稳	执行器刚度太小	所选阀门是否满足工况需求，若不满足需更换
		阀杆摩擦力大	
阀动作迟缓			
1	往复动作迟钝	阀被黏性大的介质或泥浆堵塞、结焦	检查清理阀体，更换密封装置和易损件
		填料硬化或干涩	
		活塞密封环磨损	
2	单方向动作迟钝	执行机构膜片破裂	更换膜片，更换 O 形密封圈
		执行机构 O 形密封圈泄漏	
阀振荡（有鸣声）			
1	调节阀接近全闭位置时振动	阀口径过大、常在小开度工作	调整 PID 参数，修正线性效果，保证阀门工作开度
		单座阀采用流闭状态	
2	任何开度均振动	支撑不稳	检查阀门安装环境，避免外界振动干扰；检查阀体，及时更换磨损部件
		附近有振动源	
		阀芯与衬套磨损	
阀的泄漏量大			
1	阀全闭，但泄漏量大	阀芯被腐蚀、破损	更换阀体
		阀座外围的螺钉被腐蚀	
2	阀达不到全闭位置	介质压差很大，执行机构刚度不足	清理阀体异物，检查前后管路，必要时增加滤网
		阀体内有异物	
		衬套烧结	
3	填料部分及阀体密封部分渗漏	填料盖未压紧	更换密封部件
		填料润滑油干燥	
		聚四氟乙烯填料老化	
		密封垫被腐蚀	
4	可调比变小	阀芯被腐蚀	更换阀体

五、执行器的调试及投运

电动执行器和气动执行器一样，在检修完成后要对执行器进行就地及远方控制方式进行调试。执行器调试及投运的具体要求和项目如下：

（1）试前要检查执行器及其零部件安装完好，控制电缆绝缘正常，执行器接线正确牢固，执行器与主设备连接工作完成。

（2）执行器调试时要联系主设备的检修人员、运行人员及调试有关人员，并确认主设备检修工作已完成，检修人员已撤离检修现场。

（3）现场手动检查执行器与主设备在全行程范围内动作灵活，无卡涩、拒动等不良现象。根据主设备的“全开”“全关”位置，确定执行器“全开”“全关”终端开关位置，将执行器手动摇至中间位子，执行器送电。

（4）智能型执行器或带有就地显示功能的执行器，检查其就地显示状态正确；智能型执行器要检查（或设置）其各参数。

（5）执行器送电后首先要检查其电动“开”“关”方向，电动执行器的“开”“关”方向要与阀门（或挡板）的“开”“关”方向一致；其次要检查执行器的终端开关，“全开”“全关”方向的终端开关在执行器“开”“关”时要能够正确动作。

（6）带就地操作按钮的执行器，要就地全行程电动检查执行器与阀门（或挡板）的动作情况。在其整个的动作过程中，各机构动作灵活可靠，无拒动、卡涩等不良现象，“全开、全关”及中间点要与阀门（或挡板）的实际位置一一对应。

（7）执行器的控制系统具备调试条件，主控与就地要进行系统调试。主控操作执行器时 DCS（或操作器）显示动作状态要与阀门（挡板门）的实际动作情况一致，“全开”“全关”等状态信号正确；带有开度指示的调整门执行器，其 0%～100% 开度指示应与阀门（或挡板）的实际开度相对应，误差要小于 5%。

（8）执行器检修调试完成后，其状态显示应正确，动作应灵活可靠，开度指示应准确，并经过运行等有关人员验收，各项指标符合要求后，方可投入正常运行。

参 考 文 献

［1］北京博奇电力科技有限公司 . 湿法脱硫装置维护与检修 . 北京：中国电力出版社，2010.

［2］张本贤 . 热工控制检修 . 北京：中国电力出版社，2015.

［3］杨庆柏 . 热工控制仪表 . 北京：中国电力出版社，2008.

［4］阎维平，刘忠，王春波 . 电站燃煤锅炉石灰石湿法烟气脱硫装置运行与控制 . 北京：中国电力出版社，2005.

［5］倪桂杰，张波 . 分散控制系统组态与检修维护 . 北京：中国电力出版社，2014.